高等学校教材

化工原理实验技术

吕维忠　刘　波　罗仲宽　于厚春　编著

化学工业出版社

·北京·

本书是以融合了最新化工实验技术、化工参数测试技术、自动控制技术、数据采集及计算机处理技术的现代化化工原理实验装置为基础，编写而成的化工原理实验技术指导书。本书强调实验过程中培养学生的实验设计、工程意识，进而培养学生的创新能力和工程能力。全书共分6章，包括实验误差的估算与分析、实验数据处理、化工原理实验、化工原理数据处理软件的使用、图形可视化及数据分析软件 Origin。

本书可作为高等院校化工及相关专业的化工原理实验课的实验教材或者教学参考书，也可供石油、化工、轻工、医药等部门从事科研、生产的技术人员参考。

图书在版编目（CIP）数据

化工原理实验技术/吕维忠，刘波，罗仲宽，于厚春编著.—北京：化学工业出版社，2007.7（2024.8重印）
高等学校教材
ISBN 978-7-5025-9635-4

Ⅰ.化… Ⅱ.①吕…②刘…③罗…④于… Ⅲ.化工原理-实验-高等学校-教材 Ⅳ.TQ02-33

中国版本图书馆 CIP 数据核字（2007）第 107460 号

责任编辑：窦 臻 常 青　　装帧设计：韩 飞
责任校对：宋 夏

出版发行：化学工业出版社（北京市东城区青年湖南街 13 号 邮政编码 100011）
印 装：北京科印技术咨询服务有限公司数码印刷分部
787mm×1092mm 1/16 印张 11½ 字数 254 千字 2024 年 8 月北京第 1 版第 9 次印刷

购书咨询：010-64518888 售后服务：010-64518899
网 址：http://www.cip.com.cn
凡购买本书，如有缺损质量问题，本社销售中心负责调换。

定 价：30.00 元

前　言

化工原理实验是化工类专业及其他相关专业学生的一门专业基础课，也是一门主干课。化工原理实验课程对于化工类高等技术人才的培养具有举足轻重的地位。对于化学工程、化学工艺、应用化学、食品科学与工程、环境科学与工程等化工类专业，化工原理实验是必修专业基础课。

当前我国经济处于快速发展时期，企业工艺装备的进步日新月异。高校作为培养新生代技术人才的基地，传统的化工原理实验设备已经远远不能满足当前的需求，越来越多的化工类专业及其他相关专业老师开始呼吁化工原理实验设备应当体现时代技术发展的特征；与此同时，教育部对本科教学水平非常重视，近几年国内很多高校以教育部本科评估为动力，对现有的化工原理实验设备进行了更新换代，借此让学生接触最新的化工实验技术、化工参数测试技术、自动控制技术、数据采集及计算机处理技术。本书正是基于更新换代后的新生代化工原理实验装置而编写的，以适应现代化化工原理实验装置的教学要求。

本书摆脱了传统实验指导书的模式，设计的内容比较广泛：首先以应用为目的，介绍实验误差的估算与分析、实验数据处理等实验相关必备技术；其次以现代化化工原理实验装置为基础，编排了以培养学生实践能力为目的的化工原理实验；最后介绍了化工原理数据处理软件的使用技术、图形可视化及数据处理软件 Origin 的应用技术。

本书编写过程中注意培养学生的工程意识、注重培养学生的工程能力；力求概念清晰，层次分明，阐述简洁，便于自学，让学生学会自我开拓、获取知识和技能的本领；强调化工原理的共性问题，拓宽基础，有一定的通用性；书中尽量采用基础性强、适应面广、实用性高的实例。

在本书的编写及出版过程中，得到了徐晨教授、王家衡副教授的大力支持与帮助；浙江大学杨辉教授、华南理工大学的涂伟萍教授审阅了全书并提出了很多宝贵意见，在此表示衷心的感谢！本书得到“深圳大学教材建设专项基金”资助，在此一并表示感谢！

本书参考了一些文献资料，在此也向文献资料的作者表示诚挚的谢意。

鉴于作者学识有限，经验不足，书中难免有不妥之处，衷心希望读者给予指教，帮助本书日臻完善。

吕维忠

2007 年 8 月于　荔园

目　录

第一章 绪论

第一节

化工原理实验课程的目的和任务

化工原理主要是研究化工单元操作的基本原理、典型设备的结构原理、操作性能和设计计算的学科，是化学、化工、环境、轻工等专业的重要技术基础课。由于化工原理的自身特点，在其自身发展过程中，形成了以实验方法和数学模型为主的研究方法。实验方法系直接通过各种实验或在因次分析方法指导下进行实验，直接测定并将各变量之间的关系，以图表或经验公式的形式表示出来。数学模型方法，首先是对复杂的实际问题在深刻理解了其内部规律的基础上，提出一个比较接近实际问题的物理模型，建立描述这个物理模型的数学方程，然后确定方程的初始条件，并求解方程。虽然随着计算机技术的发展，人们求解数学方程的能力得到很大提高，但由于化工过程的复杂性，建立物理模型及数学方程的难度仍然很大，使其应用受到了限制。另外，数学模型法也是离不开实验的，只有通过实验，了解了其内部规律，才能提出不失真的模型，而且最后也还是要依靠实验来检验其模型的等效性并确定模型参数，所以，化工原理是建立在实验基础上的学科，化工原理的发展离不开实验技术的发展。

化工原理课程向同学们展示了一系列化工生产过程中特有的现象、规律以及化工设备。长期以来，化工原理实验常以验证课堂理论为主，在教学安排上，常常作为化工原理课程的一部分，但近些年来，随着石油化工、生物化工、环境化工等学科的高速发展，对化工过程与设备的研究，提出了更高的要求，研究新型高效率、低能耗的化工设备也更为迫切，为了适应这种形式的需要，国内外高等化工教育界，纷纷出现了大量加强实验教学的趋势，许多高校，已单独设立化工原理实验课，以培养有创造性的新型科技人才。化工原理实验课程的目的和任务如下。

1. 巩固和加深对化工单元操作的理解，培养和提高在实践中运用理论知识分析问题、解决问题的能力

化工原理课程中所讲授的内容，对多数学生来说，是比较生疏的，对内容的理解往往也比较肤浅，对各种过程的影响因素了解的还不够深刻。通过化工原理实验，可使学生直接观察到某些生动的现象，如雷诺实验中，可观察到流体流动的层流和湍流型态；通过实验可直接验证某些重要的理论和规律，如柏努利方程实验中可使学生直接验证能量守恒及各种能量之间的相互转化；通过实验可直接测取某些设备的性能，如离心泵实验中，可直接测得代表离心泵性能的特性曲线，并对泵的使用方法及特性曲线的实际应用有了深刻的认识。如果没有这些实验，虽然学生们也可以学习化工原理，但那只能迫使他们单纯地接受书本上的陈述及老师们的讲解，并只能依此来作为判断正误的标准，这样就会使学生们失去大胆探索创新的要求和能力，只能盲目地接受前人的知识而难以有所创新和突破，正是通过实验，使学生们更贴近实际问题而提高分析和解决实际问题的能力。

2. 培养学生从事工程实验研究的能力及严谨认真的科学态度

化学化工类的毕业生都必须具备一定的实验研究能力，在基础化学的实验课中，学生们已受到了基础实验能力的训练，而化工原理实验及随后的专业课则明显不同于基础课的实验。它使学生第1次接触到工程装置，一般是几人一组，共同完成，且实验的灵活性及要求学生的主动性更大，同时，它也比较接近实际生产过程，所以在培养学生从事化工实验的能力方面具有承前启后的作用。化工实验能力的培养主要包括：为了完成一项研究课题或解决某个实际问题的设计实际方案的能力；适当选择和正确使用设备及测量仪表的能力；进行实验、观察和分析实验的能力；正确处理实验数据及运用文字表达实验报告的能力；这些能力的获得，只有通过一定数量的基础实验练习，经过反复训练才能达到，从而为将来参加实际工作后能独立从事科研和开发打下一定的基础。

有些实验，从准备实验、进行实验到整理数据写成实验报告，往往要花费很长的时间，可能有的学生认为从这些实验所收获的与其花费的时间不成比例，从而可能会产生草率从事、敷衍过去的做法，这种态度是很有害的，轻则实验数据不好得不出什么结论，重则会造成设备损坏或人身事故，所以正是通过这些严密的步骤，使学生认识到一个科学实验的基本过程与基本要求，养成一种踏踏实实、一丝不苟的严肃态度。另外，由于化工过程和设备的复杂性，测定的实验数据可能和理论的数据有较大的差距，某些学生为了追求好的实验结果和成绩，可能会修改或编造实验数据，这种做法更是极其有害的，这样会使数据失去可靠性，失去了解决实际问题和发现新问题的机会，更为可怕的是这种态度会对以后学生本人的成长及社会造成难以估量的损害，所以，培养学生养成实事求是的科学态度，显得更为重要。

第二节 化工原理实验与工程实验方法

化工原理实验是学生在学习过一些基础课实验后遇到的第1门属于工程范畴的课程。工程实验与基础实验有着明显的不同，后者所处理的对象通常比较简单，偏离理想体系不远，所采用的研究方法大都以严密的理论体系为基础；而前者所涉及的物料千变万化，设备大小悬殊，实验量和工作量也都很大，故其研究方法不能套用一般基础实验的方法，而要采用专门用于研究工程问题的因次分析方法和数学模型方法指导下的实验研究方法。采用这两种研究方法可以使实验研究结果由小到大，由此及彼地用到大设备生产及设计上。下面先考察一下流体流动阻力的研究方法。

圆管内流体流动阻力是管路设计中必须解决的典型工程实际问题。当圆管内流动属层流流动时，因为流体符合牛顿黏性定律，通过数学分析导出了用于计算直管中层流流动时阻力损失的伯努利方程。在实际化工生产中能通过数学分析就能直接解决问题的情况很少。当管内流动属于湍流时，情况就复杂得多，由于湍流时，其剪应力已不符合简单的牛顿黏性定律了，解决该问题就只好采用实验方法了。

通过考察湍流流动过程可知，影响流体流动阻力 h_f 的因素主要包括流体的密度 ρ、黏度 μ、流速 u、管径 d、管长 l、管的粗糙度 ε 等因素。若按常规的网络法安排实验，每个因素取 10 个水平，则需 10^5 次实验，其工作量之大是难以完成的，然而更为重要的是，为改变 ρ、μ 要用多种流体，而改变 d、ε 要更换不同的实验装置，若为了改变 ρ 而固定 μ 几乎是难以实现的，由此可见，进行实验测定还需要有正确的实验方法指导才行，而因次分析法和数学模型法可以成功地指导实验，使研究实验结果由小见大，由此及彼地推广使用，下面分别进行阐述。

一、因次分析法

因次也称为量纲，是指物理量的种类，它不同于单位，单位则是比较同一物理量大小所采用的标准。同一因次可以有不同的单位，如长度的因次为 [L]，可以有米、厘米、毫米等单位。因次分析法的理论基础是因次一致性原理和 π 定理。

因次一致性原理：任何根据基本定律导出的物理方程式，其中各项的因次都是相同的。

π 定理：任何因次一致的物理方程，都可以表示为一组无因次数群的零函数，且无因次数群的个数 i 等于方程原方程变量数 n 减去其基本因次数 a。

下面以研究湍流流动阻力为例，阐述因次分析法的应用步骤。

(1) 通过初步的实验及理论推断确定被研究过程的主要影响因素，这也是因次分析法的关键步骤。

湍流流动阻力的影响因素有 $h_f=\Psi(d, u, \rho, \mu, l, \varepsilon)$

或写成 $f(h_f, d, u, \rho, \mu, l, \varepsilon)=0$

(2) 选择这几个变量所涉及的基本因次，用基本因次表示所有变量的基本因次，此处选择基本因次 [L]、[M]、[T]。

(3) 在 n 个变量中，选择 m 个相互独立的基本变量，这 m 个变量的因次，应包括 n 个变量中所有的基本因次，此处选择 d，u，ρ 则 $m=3$。

(4) 根据因次一致性原理和 π 定理，进行因次分析，确定各无因次数群的表达式，此处，经过因次分析（参见化工原理教材），得到各无因次数群

$$\pi_1=\frac{h_f}{u^2}$$

$$\pi_2=\frac{du\rho}{\mu}$$

$$\pi_3=\frac{\varepsilon}{d}$$

$$\pi_4=\frac{l}{d}$$

其无因次数群的个数 $i=n-m=7-3=4$

(5) 将所研究过程用 i 个无因系数群表示，为了便于实验求取系数，常将其写成幂函数的形式，以方便取对数后求取系数和指数。

$$\frac{h_f}{u^2}=\Psi(\frac{du\rho}{\mu},\frac{\varepsilon}{d},\frac{l}{d})$$

$$=K\Psi'(\frac{du\rho}{\mu},\frac{\varepsilon}{d})(\frac{l}{d}) \tag{1-1}$$

(6) 通过实验求得函数表达式的具体形式

通过实验发现，$m=1/2$，$p=1$　　则式(1-1) 变为

$$h_f=K\Psi'(\frac{du\rho}{\mu},\frac{\varepsilon}{d})(\frac{l}{d})\frac{u^2}{2} \tag{1-2}$$

$$h_f=\lambda\frac{l}{d}\frac{u^2}{2} \tag{1-3}$$

其中

$$\lambda=\Psi'(\frac{du\rho}{\mu},\frac{\varepsilon}{d}) \tag{1-4}$$

由于 λ 与 $\frac{du\rho}{\mu}$，$\frac{\varepsilon}{d}$ 经验式比较复杂，常将它们的关系绘成线图使用。

从阻力损失的表达式可看出，只变更雷诺数 Re 和 $\frac{\varepsilon}{d}$ 就可掌握阻力损失的变化规律。实验时，可以采用水为介质，改变流速 u 就可改变 Re 数，再更换几种不同的管子，就可改变 $\frac{\varepsilon}{d}$，从而求得 λ 与 Re 数和 $\frac{\varepsilon}{d}$ 的关系。显然，这种方法所需的实验次数和对设备的要求都是容易做到的，并且其结果能够推广使用。实验表明，对光滑管及无严重腐蚀的工业管道采用上述方法计算阻力损失的误差，都在10%之内，这就说明用因次分析法解决流动阻力的问题，是符合要求的。

二、数学模型法

数学模型法是解决工程问题的另一种实验规划方法，它与因次分析法不同，后者不要求对所研究过程的内在规律有深刻的认识，所以也称其为黑箱模型法，但数学模型法是在对所研究过程有深刻认识的基础上，要求对过程作出高度的概括得到简单而不失真的物理模型，然后给予数学上的描述，再通过实验检验模型的有效性并确定模型参数。下面以过滤操作中流体通过颗粒床层的流动为例说明数学模型法的应用步骤。

流体通过颗粒床层的流动与普通管内流动相仿，都属于固体边界层内部的流动问题，就流动过程本身而言，并没有什么特殊性，但问题在于颗粒床层中颗粒大小不均匀，表面粗糙，使流体通道呈现出不规则的几何形状，且为不均匀的纵横交错的网状通道，从而不能直接套用处理直管流体力学的方法，所以此处采用数学模型法。

1. 简化物理模型的建立

在固定床层内大量细小而密集的颗粒对流体的运动提供了很大的阻力，这一阻力，一方面可使流体沿床层截面的速度分布均匀，另一方面也引起了很大的压强降，而工程上主要对影响过滤操作速度的后者感兴趣。流体通过床层的流动非常缓慢，呈爬流状态，流动

阻力主要来自颗粒的表面摩擦，因此其流动阻力主要与颗粒的总面积成正比，而与通道的形状关系不大，这样在保证单位体积内表面相等的前提下，就可把图 1-1 所示的复杂的不均匀网状通道，简化为一组平行排列的均匀细管，使之可用数学方程加以描述，这种经过简化而得到的等效流动过程就称为真实流动过程的物理模型。

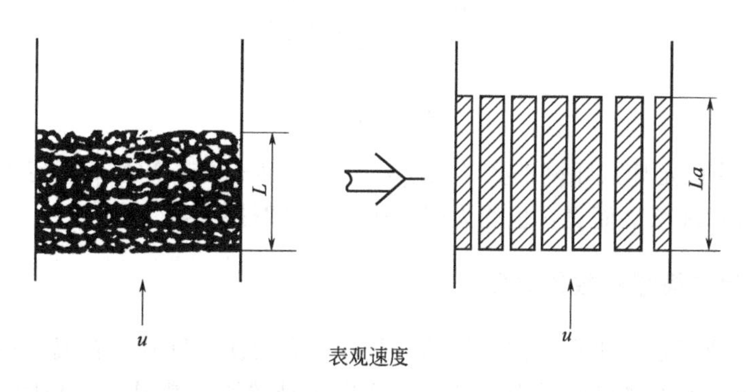

图 1-1 颗粒床层的简化模型

根据简化前提，该模型应满足下列条件

(a) 细管的内表面积等于床层颗粒的全部表面积；

(b) 细管的全部流动空间等于颗粒床层的空隙容积。

由上述假定可求得这些虚拟细管的当量直径 d_m

$$d_m=\frac{4\times\text{通道的截面积}}{\text{润湿周边}}$$

分子与分母同乘 L_m，则得

$$d_m=\frac{4\times\text{床层的流动空间}}{\text{细管的全部内表面}}$$

以 1m^2 床层体积为基准，则床层的流动空间为 ε，其颗粒表面也即床层的比表面 α_m，则

$$d_m=\frac{4\times\varepsilon}{\alpha_m}=\frac{4\times\varepsilon}{\alpha(1-\varepsilon)} \tag{1-5}$$

按照此简化模型，流体通过固定床层的降压相当于流体通过一组当量直径为 d_m，长度为 Le 细管的压降。

2. 数学模型

通过上述的物理模型简化，已将流体通过具有复杂几何边界的床层流动问题转化为了通过均匀圆管的流动问题，从而可按计算直管压降的方法进行数学描述

$$h_f=\frac{\Delta P}{\rho}=\frac{\lambda\times L_m}{d_m}\cdot\frac{u^2}{2} \tag{1-6}$$

式中 u_1 为流体在细管内的流速，可取为实际填充床中颗粒空隙间的流速，它与空床流速 u 有如下关系

$$u_1=\frac{m}{\varepsilon} \tag{1-7}$$

将式(1-5)、式(1-7) 代入式(1-6) 中可得

$$\frac{\Delta P}{L}=(\frac{\lambda\times L_m}{9L})\frac{(1-\varepsilon)\alpha}{\varepsilon^3}\rho u^2 \tag{1-8}$$

虽然细管长度 L_m 与床层高度不等，但却成正比关系，可将其比例系数并入阻力系数，于是

$$\frac{\Delta P}{L}=\lambda\ \frac{(1-\varepsilon)\alpha}{\varepsilon^3}\rho u^2 \tag{1-9}$$

其中
$$\lambda'=\frac{\lambda\times L}{\delta L}$$

式(1-8) 即为固定床层压降的数学模型，其中包括一个未知数的待定参数 λ'，λ'称为模型参数，就其物理意义而言，也称为固定床的流动摩擦系数。

3. 模型检验和模型参数的确定

以上的理论分析是建筑在流体力学的一般知识和对实际问题（爬流）相结合的基础上的，也就是一般性和特殊性相结合的结果，这也正是解决多数复杂工程问题的共同基点，二者缺一不可。若忽视了流动的基本原理则找不到解决问题的基本方法，就会走向纯经验化的处理上去，反之，若抓不住爬流的基本特征，就不能进行合理的简化，从而走向教条式的处理上去。

上述流体通过床层的过程简化只是一种假定，还必须通过实验检验其有效性并确定模型参数。

康采尼对此进行了实验研究，发现在流速很低、雷诺数 $Re'<2$ 的情况下，实验数据可较好地符合式(1-10)

$$\lambda'=K'/Re' \tag{1-10}$$

式中 K'称为康采尼常数，其值为 5.0，Re'称为床层雷诺数

$$Re'=\frac{d_m u_2 \rho}{\mu}=\frac{\rho u}{\alpha(1-\varepsilon)\mu} \tag{1-11}$$

对于各种床层，康采尼常数的误差不超过 10%，说明上述的简化模型是实际过程的合理简化，于是在确定模型参数的 λ'的同时，也对简化模型的合理性进行了检查。

对比因次分析方法和数学模型方法可知，前者决定成败的关键在于能否如数的列出影响过程的主要因素，并不要求研究者对过程的内在规律有深刻的理解，只要做若干析因实验，考察每个变量对实验结果的影响程度即可。在因次分析法指导下的实验研究，只能得到过程的外部联系，而对过程的内在规律则了解不深，如同黑箱，正是这一特点使因次分析法成为各种研究对象原则上皆适用的一般方法。而数学模型法成败的关键在于对复杂过程能否都得到一个足够简单，即可用数学方程表示而又不失真的物理模型。要做到这一点，必须对过程的内在规律特别是过程的特殊性有着深刻的理解。数学模型法也离不开实验，但其实验的目的与因次分析法有着很大的不同，后者的实验目的是为了寻找各无因次变量之间的函数关系，而前者是为了检验物理模型的合理性并测定模型参数，显然检验性的实验要比搜索性的实验要简易得多，从这方面看来，数学模型法也更具有科学性。但是探讨过程的内在规律要远比寻找外部联系困难，使数学模型法的应用受到一定的限制，所以应根据实际研究情况选择因次分析法或数学模型法，二者相辅相成，各

有所长。

三、直接的实验方法

当受条件限制不能采用因次分析法或数学模型法解决某一工程问题时，可采用直接的实验方法，也即对被研究的对象进行直接的观察与实验。此种方法结果可靠，通常只能得出个别量之间的规律关系，难以把握住现象的全部本质，并且其结果只能推广到和实验条件完全相同的过程和设备上，应用时，具有很大的局限性。

第三节 化工原理实验课程的内容及教学要求

化工实验具体实验的内容包括：流体流型实验；机械能转化实验；流体流动阻力测定实验；离心泵特性曲线测定；恒压过滤常数测定；空气-蒸汽给热系数测定；填料塔吸收传质系数的测定；筛板塔精馏过程实验；填料塔精馏过程实验；洞道干燥实验；流化床干燥实验；板塔流体力学实验。要完成各个实验的全过程，往往是比较花费时间的，且各个学校的设备与各专业的要求也不尽相同，故对实验课程内容的选择与安排，可根据实际情况进行灵活掌握。

在实验中也要经常查阅某些介质及设备的各种参数，所以把实验中常用的数据作为附录附在书后，以供查阅。

化工原理实验多数是采用工程装置来进行实验，学生们也是第 1 次碰到这样大型的实验装置，他们往往感到很新鲜，但又无从下手。另外，受实验本身及设备的限制，多数设备需要几个人协同操作才能完成实验，这样也易导致部分学生有依赖心理。所以要注意对学生进行实验组织、测量技术、数据处理及实验中理论联系实际等多种能力的培养，为了达到预期的效果，其具体教学要求如下。

一、实验前的预习

学生实验前要认真阅读实验指导书及有关参考书，弄清本次实验的目的与要求，研究实验的方法与原理，弄清应该测量哪些数据，并估计实验数据的变化规律，对实验中用到的测量仪表也要预习其结构及使用方法，同时要画好实验数据记录表格。

对已有计算机辅助教学手段的单位，先让学生通过计算机仿真实验，熟悉实验的操作步骤、注意事项及可能的实验结果。

通过预习和计算机仿真实验，写出预习报告。报告内容主要包括：实验目的与任务、实验方法及理论依据、实验设备及流程。到实验现场后再观察实验设备流程、仪表的安装位置，经指导老师检查提问后方可进行实验。

二、实验操作训练

由于多数实验是由几个人共同完成的，所以在实验时要进行合理的分工与合作，使大家在保证实验质量的同时，又能得到全面的训练。实验方法应该在实验小组内讨论，使得人人知晓，各负其责，并由一人来协调执行。在实验执行到适当的时间后，各岗位可相互轮换，以便使每人都能得到训练的机会。而对某些要求较高的实验，可以在进行正式实验之前的演习时加以训练，而在实验中不进行轮换。

实验操作是一个既动手又动脑的重要过程，要求学生一定要按照实验操作规程进行，凡是影响实验结果的数据都应认真测取，有些数据是直接测取的，如设备有关尺寸、物料性质及操作数据等，而有些数据则不必直接测取，如水的黏度、密度等物理性质，只要测出水温，就可查手册或用经验公式算得。在进行某一项数据的测量时，要安排好测点的范围、测点的数目及适当划分测点疏密程度。操作时要求细心平稳，在事先拟好的表格内记下各项物理量的名称、表示符号、单位及实验现象，每个学生都有一个实验记录本，决不应该随便记在零散纸张上，以免丢失，从而使数据的完整性受到影响。

在实验过程中，一般情况下，条件改变后，要等读数和现象稳定后，才能读取数据，并进行复核，这是因为有些现象需要一定的稳定时间，且大多数仪表通常都有滞后现象。在读取数据时，一般要记录至仪表上最小分度以下1位数，以便精确地反映仪表的精确度。对实验中的不正常现象及有明显误差的数据，也应如实记录，并加以注释、分析说明产生不正常现象的原因，在实验报告中提出自己的看法或结论，学生应该在实验操作中注意培养自己严谨认真的科学态度。

三、实验后书写实验报告

实验后所得到的数据，若不进行处理、分析总结是无多大意义的，实验后书写实验报告，也是训练学生如何用文字表达技术文件或资料的重要环节。不少学生对实验报告的重要性认识不足或者不会用科学的数字或观点来书写实验报告，对工程图表的描绘也缺乏训练，所以对实验报告的书写要进行严格的训练，为以后写好研究报告和科研论文打下良好的基础。

实验报告必须简洁明了，数据完整可靠，结论明确，得出的公式或线图应有明确的使用条件，对实验结果和实验现象要有分析和讨论。实验报告的格式虽不强求一致，但应包括下列内容。

(1) 实验报告的题目及实验题目

(2) 实验报告人及同组实验人员姓名

(3) 实验目的及任务

(4) 实验方法及理论依据

(5) 实验设备流程及操作步骤（包括实验流程示意图、主要设备、仪表的类型及规格）

(6) 实验数据及整理

包括与实验结果有关的全部数据，注意实验报告中的数据不是原始记录表，而是经过整理用于计算的全部数据，原始数据记录表作为附录附于实验报告后面。

在数据的整理过程中应注意单位的统一和有效数字的取舍。除了把数据整理成图表外，还要列出一次或一组数据的计算全过程，作为示例备教师查看用。对计算中引用的数据应注明来源，对使用的简化公式应写出推导过程。

（7）实验结果与分析讨论

对每个实验任务，应明确提出实验结论，并对实验结果进行讨论，分析误差的大小及原因，尤其是对实验中发现的问题，应勇于发表自己的见解。对实验方法和实验设备的改进，也可充分利用自己的知识，大胆设想，提出改进建议。

第二章 实验误差的估算与分析

通过实验测量所得的大批数据是实验的初步结果，但在实验中由于测量仪表和人的观察等方面的原因，实验数据总存在一些误差，即误差的存在是必然的，是具有普遍性的。因此，研究误差的来源及其规律性，尽可能地减小误差，以得到准确的实验结果，对于寻找事物的规律，发现可能存在的新现象是非常重要的。

误差估算与分析的目的就是评定实验数据的准确性，通过误差估算与分析，可以认清误差的来源及其影响，确定导致实验总误差的最大组成因数，从而在准备实验方案和研究过程中，有的放矢地集中精力消除或减小产生误差的来源，提高实验的质量。

目前对误差应用和理论发展日益深入和扩展，涉及内容非常广泛，本章只就化工原理实验中常遇到的一些误差基本概念与估算方法作一扼要介绍。

第一节 实验数据的误差

一、实验数据的测量

科学实验总是和测量紧密相联系的，这里主要讨论恒定的静态测量，一般把它分为两大类。可以用仪器、仪表直接读出数据的测量叫直接测量，例如，用米尺测量长度，用秒表计时间，用温度计、压力表测量温度和压强等。凡是基于直接测量值得出的数据再按一定函数关系式，通过计算才能求得测量结果的测量称为间接测量，例如，测定圆柱体体积时，先测量直径 D 和高度 H，再用公式 $V=\pi D^2 H/4$，计算出体积 V，V 就属于间接测量的物理量。化工原理实验中多数测量均属间接测量。

二、实验数据的真值和平均值

1. 真值

真值是指某物理量客观存在的确定值。对它进行测量时，由于测量仪器、测量方法、环境、人员及测量程序等都不可能完美无缺，实验误差难于避免，故真值是无法测得的，是一个理想值。在分析实验测定误差时，一般用如下方法替代真值。

(1) 实际值是现实中可以知道的一个量值，用它可以替代真值。如理论上证实的值，像平面三角形内角之和为 180°；又如计量学中经国际计量大会决议的值，像热力学温度单位——绝对零度等于 -273.15K；或将准确度高 1 级的测量仪器所测得的值视为真值。

(2) 平均值是指对某物理量经多次测量算出的平均结果，用它替代真值。当然测量次数无限多时，算出的平均值应该是很接近真值的，实际上测量次数是有限的（比如 10 次），所得的平均值只能说是近似地接近真值。

2. **平均值**

在化工领域中，常用的平均值有下面几种。

(1) 算术平均值　这种平均值最常用。设 x_1、x_2、…、x_n 代表各次的测量值，n 代表测量次数，则算术平均值为

$$\overline{x}=\frac{x_1+x_2+\cdots+x_n}{n}=\frac{\sum_{i=1}^{n}x_i}{n} \tag{2-1}$$

凡测量值的分布服从正态分布时，用最小二乘法原理可证明：在一组等精度的测量中，算术平均值为最佳值或最可信赖值。

(2) 均方根平均值　均方根平均值常用于计算气体分子的平均动能，其定义式为

$$\overline{x}_{均}=\sqrt{\frac{x_1^2+x_2^2+\cdots+x_n^2}{n}}=\sqrt{\frac{\sum_{i=1}^{n}x_i^2}{n}} \tag{2-2}$$

(3) 几何平均值　几何平均值的定义为

$$\overline{x}_{几}=\sqrt[n]{x_1x_2\cdots x_n} \tag{2-3}$$

以对数表示为

$$\lg\overline{x}_{几}=\frac{\sum_{i=1}^{n}\lg x_i}{n} \tag{2-4}$$

对一组测量值取对数，所得图形的分布曲线呈对称时，常用几何平均值。可见，几何平均值的对数等于这些测量值 x_i 的对数的算术平均值。几何平均值常小于算术平均值。

(4) 对数平均值　在化学反应、热量与质量传递中，分布曲线多具有对数特性，此时可采用对数平均值表示量的平均值。

设有两个量 x_1、x_2，其对数平均值为

$$\overline{x}_{对}=\frac{x_1-x_2}{\ln x_1-\ln x_2}=\frac{x_1-x_2}{\ln\frac{x_1}{x_2}} \tag{2-5}$$

两个量的对数平均值总小于算术平均值。若 $1<\frac{x_1}{x_2}<2$ 时，可用算术平均值代替对数平均值，引起的误差不超过 4.4%。

以上所介绍的各种平均值，都是在不同场合想从一组测量值中找出最接近于真值的量

值。平均值的选择主要取决于一组测量值的分布类型，在化工实验和科学研究中，数据的分布一般为正态分布，故常采用算术平均值。

三、误差的定义及分类

1. 误差的定义

误差是实验测量值（包括直接和间接测量值）与真值（客观存在的准确值）之差。误差的大小，表示每一次测得值相对于真值不符合的程度。误差有以下含义。

（1）误差永远不等于零。不管人们主观愿望如何，也不管人们在测量过程中怎样精心细致地控制，误差还是要产生的，不会消除，误差的存在是绝对的。

（2）误差具有随机性。在相同的实验条件下，对同一个研究对象反复进行多次的实验、测试或观察，所得到的竟不是一个确定的结果，即实验结果具有不确定性。

（3）误差是未知的。通常情况下，由于真值是未知的，研究误差时，一般都从偏差入手。

2. 误差的分类

根据误差的性质及产生的原因，可将误差分为系统误差、随机误差和粗大误差3种。

（1）系统误差　是由某些固定不变的因素引起的误差。在相同条件下进行多次测量，其误差数值的大小和正负保持恒定，或误差随条件改变按一定规律变化，即有的系统误差随时间呈线性、非线性或周期性变化，有的不随测量时间变化。

产生系统误差的原因有：①测量仪器方面的因素（仪器设计上的缺点，零件制造不标准，安装不正确，未经校准等）；②环境因素（外界温度，湿度及压力变化引起的误差）；③测量方法因素（近似的测量方法或近似的计算公式等引起的误差）；④测量人员的习惯偏向等。

总之，系统误差有固定的偏向和确定的规律，一般可按具体原因采取相应措施给以校正或用修正公式加以消除。

（2）随机误差　由某些不易控制的因素造成的。在相同条件下作多次测量，其误差数值和符号是不确定的，即时大时小，时正时负，无固定大小和偏向。随机误差服从统计规律，其误差与测量次数有关。随着测量次数的增加，平均值的随机误差可以减小，但不会消除，因此，多次测量值的算术平均值接近于真值。研究随机误差可采用概率统计方法。

（3）粗大误差　与实际明显不符的误差，主要是由于实验人员粗心大意，如读数错误、记录错误或操作失败所致。这类误差往往与正常值相差很大，应在整理数据时依据常用的准则加以剔除。

请注意，上述3种误差之间，在一定条件下可以相互转化。例如，尺子刻度划分有误差，对制造尺子者来说是随机误差，一旦用它进行测量时，这尺子的分度对测量结果将形成系统误差。随机误差和系统误差间并不存在绝对的界限。同样，对于粗大误差，有时也难以和随机误差相区别，从而当作随机误差来处理。

第二节 实验数据的有效数字和记数法

一、有效数字

在实验中无论是直接测量的数据或是计算结果，到底用几位有效数字加以表示，这是一项很重要的事。数据中小数点的位置在前或在后仅与所用的测量单位有关，例如762.5mm，76.25cm，0.7625m这3个数据，其准确度相同，但小数点的位置不同。另外，在实验测量中所使用的仪器仪表只能达到一定的准确度，因此，测量或计算的结果不可能也不应该超越仪器仪表所允许的准确度范围，如上述的长度测量中，若标尺的最小分度为1mm，其读数可以读到0.1mm(估计值)，故数据的有效数字是4位。

实验数据（包括计算结果）的准确度取决于有效数字的位数，而有效数字的位数又由仪器仪表的准确度来决定。换言之，实验数据的有效数字位数必须反映仪表的准确度和存在疑问的数字位置。

在判别一个已知数有几位有效数字时，应注意非零数字前面的零不是有效数字，例如长度为0.00234m，前面的3个零不是有效数字，它与所用单位有关，若用mm为单位，则为2.34mm，其有效数字为3位。非零数字后面用于定位的零也不一定是有效数字，如1010是4位还是3位有效数字，取决于最后面的零是否用于定位。为了明确地读出有效数字位数，应该用科学记数法，写成一个小数与相应的10的幂的乘积。若1010的有效数字为4位，则可写成1.010×10^{3}。有效数字为3位的数360000可写成3.60×10^{5}，0.000388可写成3.88×10^{-4}。这种记数法的特点是小数点前面永远是一位非零数字，“×”乘号前面的数字都为有效数字。这种科学记数法表示的有效数字，位数就一目了然了。

例 2-1

数	有效数字位数
0.0044	2
0.004400	4
8.700×10^{3}	4
8.7×10^{3}	2
1.000	4
3800	可能是2位，也可能是3位或4位

二、数字舍入规则

对于位数很多的近似数，当有效位数确定后，应将多余的数字舍去。舍去多余数字常用四舍五入法。这种方法简单、方便，适用于舍、入操作不多且准确度要求不高的场合。因为这种方法见 5 就入，故易使所得数据偏大。下面介绍新的舍入规则。

(1) 若舍去部分的数值大于保留部分的末位的半个单位，则末位加 1；

(2) 若舍去部分的数值小于保留部分的末位的半个单位，则末位不变；

(3) 若舍去部分的数值等于保留部分的末位的半个单位，则末位凑成偶数。换言之，当末位为偶数时，则末位不变；当末位为奇数时，则末位加 1。

例 2-2　将下面左侧的数据保留 4 位有效数字

3.14159 ⟶ 3.142

2.71729 ⟶ 2.717

2.51050 ⟶ 4.510

3.21567 ⟶ 3.216

5.6235 ⟶ 5.624

6.378501 ⟶ 6.379

7.691499 ⟶ 7.691

在四舍五入法中，是舍是入只看舍去部分的第 1 位数字。在新的舍入方法中，是舍是入应看整个舍去部分数值的大小。新的舍入方法的科学性在于将“舍去部分的数值恰好等于保留部分末位的半个单位”的这一特殊情况，进行特殊处理，根据保留部分末位是否为偶数来决定是舍还是入。因为偶数奇数出现的概率相等，所以舍、入概率也相等。在大量运算时，这种舍入方法引起的计算结果对真值的偏差趋于零。

三、直接测量值的有效数字

直接测量值的有效数字主要取决于读数时能读到哪一位。如 1 支 50mL 的滴定管，它的最小刻度是 0.1mL，因此读数只能读到小数点后第 2 位，如 30.24mL 时，有效数字是 4 位。若管内液面正好位于 30.2mL 刻度上，则数据应记为 30.20mL，仍然是 4 位有效数字（不能记为 30.2mL）。在此，所记录的有效数字中，必须有 1 位而且只能是最后 1 位是在一个最小刻度范围内估计读出的，而其余的几位数是从刻度上准确读出的。由此可知，在记录直接测量值时，所记录的数字应该是有效数字，其中应保留且只能保留 1 位是估计读出的数字。

如果最小刻度不是 1(或 $1\times10^{\pm n}$) 个单位，见表 2-1(a)(b)(c)(d)，其读数方法可按下面的方法来读。

表 2-1　直接测量值的读数

序　号	读　数		绝对误差	有效数字位
	R_A	R_B	$D(R)$	
(a)	3.3	5.5	0.5	2
(b)	0.6	4.5	0.25(0.3)	1～2
(c)	0.3	4.75(4.8)	0.2	1～2
(d)	1.4	5.7	0.1	2

四、非直接测量值的有效数字

(1) 参加运算的常数 π、e 的数值以及某些因子如$\sqrt{2}$、1/3 等的有效数字，取几位为宜，原则上取决于计算所用的原始数据的有效数字的位数。假设参与计算的原始数据中，位数最多的有效数字是 n 位，则引用上述常数时宜取 $n+2$ 位，目的是避免常数的引入造成更大的误差。工程上，在大多数情况下，对于上述常数可取 5～6 位有效数字。

（2）在数据运算过程中，为兼顾结果的精度和运算的方便，所有的中间运算结果，工程上，一般宜取 5～6 位有效数字。

（3）表示误差大小的数据一般宜取 1(或 2) 位有效数字，必要时还可多取几位。由于误差是用来为数据提供准确程度的信息，为避免过于乐观并提供必要的保险，故在确定误差的有效数字时，也用截断的办法，然后将保留数字末位加 1，以使给出的误差值大一些，而无须考虑前面所说的数字舍入规则。如误差为 0.2412，可写成 0.3 或 0.25。

（4）作为最后实验结果的数据是间接测量值时，其有效数字位数的确定方法如下：先对其绝对误差的数值按上述先截断后保留数字末位加 1 的原则进行处理，保留 1～2 位有效数字，然后令待定位的数据与绝对误差值以小数点为基准相互对齐。待定位数据中，与绝对误差首位有效数字对齐的数字，即所得有效数字仅末位为估计值。最后按前面讲的数字舍入规则，将末位有效数字右边的数字舍去。

例 2-3

① $y=9.80113824$，$D(y)=\pm0.004536$(单位暂略)

取 $D(y)=\pm0.0046$（截断后末位加 1，取两位有效数字）

以小数点为基准对齐　9.801：13824

　　　　　　　　　　0.004：6

故该数据应保留 4 位有效数字。按本章讲的数字舍入原则，该数据 $y=9.801$。

② $y=6.3250\times10^{-8}$，$D(y)=\pm0.8\times10^{-9}$(单位暂略)

取 $D(y)=\pm0.8\times10^{-9}=\pm0.08\times10^{-8}$ ［使 $D(y)$ 和 y 都是 $\times10^{-8}$］

以小数点为基准对齐　6.32：50×10^{-8}

　　　　　　　　　　0.08：$\times10^{-8}$

可见该数据应保留 3 位有效数字。经舍入处理后，该数据 $y=6.32\times10^{-8}$。

第三节 随机误差的正态分布

一、误差的正态分布

实验与理论均证明，正态分布能描述大多数实验中的随机测量值和随机误差的分布。服从此分布的随机误差如图 2-1 所示。

图中横坐标为随机误差 x，纵坐标为概率密度函数 y。

$$y=\frac{\Delta P}{\Delta x}\approx\frac{\mathrm{d}P}{\mathrm{d}x} \quad (2\text{-}6)$$

$$\Delta P=\frac{m}{n} \quad (2\text{-}7)$$

式中　ΔP——在 $x\sim x+\Delta x$ 范围内误差的相对出现次数，称为相对频率或概率；

m——在 $x\sim x+\Delta x$ 范围内误差值出现的次数；

n——总测量次数。

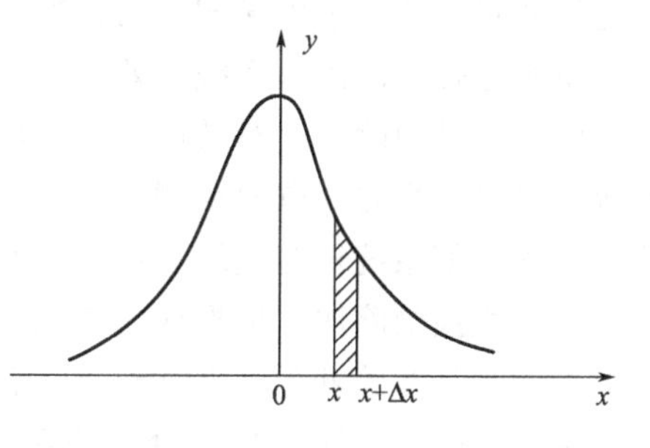

图 2-1　误差正态分布的概率密度曲线

二、随机误差的基本特性

从图 2-1 中可观察到随机误差具有以下特性

(1) 绝对值相等的正负误差出现的概率相等，纵轴左右对称，称为误差的对称性。

(2) 绝对值小的误差比绝对值大的误差出现的概率大，曲线的形状是中间高两边低，称为误差的单峰性。

(3) 在一定的测量条件下，随机误差的绝对值不会超过一定界限，称为误差的有界性。

(4) 随着测量次数的增加，随机误差的算术平均值趋于零，称为误差的抵偿性。抵偿性是随机误差最本质的统计特性，换言之，凡具有抵偿性的误差，原则上均按随机误差处理。

第四节

系统误差的消除

一、消除或减小系统误差的方法

(1) 根源消除法　从事实验或研究的人员在试验前对测量过程中可能产生系统误差的各个环节作仔细分析，从产生系统误差的根源上消除，这是最根本的方法。比如努力确定最佳的测试方法，合理选用仪器仪表，并正确调整好仪器的工作状态或参数等。

(2) 修正消除法　先设法将测量器具的系统误差鉴定或计算出来，做出误差表或曲线，然后取与误差数值大小相同，符号相反的值作为修正值，将实际测得值加上相应的修正值，就可以得到不包含系统误差的测量结果。因为修正值本身也含有一定误差，因此这种方法不可能将全部系统误差消除掉。

(3) 代替消除法　在测量装置上对未知量测量后，立即用一个标准量代替未知量，再次进行测量，从而求出未知量与标准量的差值，即有未知量=标准量±差值，这样可以消除测量装置带入的固定系统误差。

（4）异号消除法　对被测目标采用正反两个方向进行测量，如果读出的系统误差大小相等，符号相反时，取两次测量值的平均值作为测量结果，就可消除系统误差。这方法适用于某些定值系统对测量结果影响带有方向性的测量中。

（5）交换消除法　根据误差产生的原因，将某些条件交换，可消除固定系统误差。一个典型例子是在等臂天平上称样重，若天平两臂长为 l_1 和 l_2，先将被测样重 x 放在 l_1 臂处，标准砝码 W_1 放在 l_2 臂处，两者调平衡后，即有

$$x_1=W_1\times l_2/l_1$$

而后，样品和砝码互换位置，再称重，若 $l_1\neq l_2$，则需要更换砝码，即

$$W_2=x\times l_2/l_1$$

两式相除得　$$x=\sqrt{W_1W_2}\approx\frac{W_1+W_2}{2}=W$$

选用一种新砝码便可消除不等臂带入的固定系统误差。

（6）对称消除法　在测量时，若选定某点为中心测量值，并对该点以外的测量点作对称安排，如图 2-2 所示，图中 y 为系统误差，x 为被测的量。若以某一时刻 y_4 为中点，则对称于此点的各对系统误差 y 的算术平均值必相等，即

$$\frac{y_1+y_7}{2}=\frac{y_2+y_6}{2}=\frac{y_3+y_5}{2}=y_4$$

根据这一性质，用对称测量可以很有效地消除线性系统误差，因此，对称测量具有广泛的应用范围，但须注意，相邻两次测量之间的时间间隔应相等，否则会失去对称性。

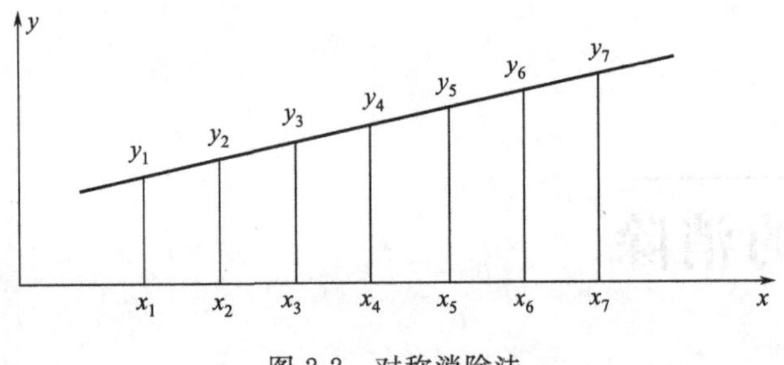

图 2-2　对称消除法

（7）半周期消除法　对于周期性误差，可以相隔半个周期进行一次测量，然后以两次读数的算术平均值作为测量值，即可以有效地消除周期性系统误差。例如，指针式仪表，若刻度盘偏心所引出的误差，可采用相隔 180°的一对或几对的指针标出的读数取平均值加以消除。

（8）回归消除法　在实验或科研中，估计某一因数是产生系统误差的根源，但又制作不出简单的修正表，也找不到被测值（因变量）与影响因素（自变量）的函数关系，此时也可借助回归分析法得以对该因素所造成的系统误差进行修正。

二、系统误差消除程度的判别准则

实际上，在实验和科研试验中，不管采用哪一种消除系统误差的方法，只能做到将系

统误差减弱到某种程度，使它对测量结果的影响小到可以忽略不计。那么残余影响小到什么程度才可以忽略不计呢？应该有一个判别的准则，为此，将对测量尚有影响的系统误差称为微小系统误差。

若某一项微小系统误差或某几项的微小系统误差的代数和的绝对误差 $D(z)$，不超过测量总绝对误差 $D(x)$ 的最后1位有效数字的1/2，按有效数字位舍入原则，就可以把它舍弃。

若绝对误差取两位有效数字，则 $D(z)$ 可忽略的准则为

$$D(z) \leqslant \frac{1}{2} \times \frac{D(x)}{100} = 0.005D(x)$$

若误差仅由1位有效数字表示时，则 $D(z)$ 可忽略的准则为

$$D(z) \leqslant \frac{1}{2} \times \frac{D(x)}{10} = 0.05D(x)$$

第五节
粗大误差的判别与剔除

一、粗大误差的判别准则

当着手整理实验数据时，还必须解决一个重要问题，那就是数据的取舍问题。在整理实验研究结果时，往往会遇到这种情况，即在一组很好的实验数据里，发现少数几个偏差特别大的数据，若保留它，会降低实验的准确度；但要舍去它必须慎重，有时实测中出现的异常点，常是新发现的源头。对于此类数据的保留与舍弃，其逻辑根据在于随机误差理论的应用，需用比较客观的可靠判据作为依据。判别粗大误差常用以下几个准则。

1. 3σ 准则

该准则又称拉依达（Paйта）准则，它是常用的也是判别粗大误差最简单的准则。但它是以测量次数充分多为前提的，在一般情况下，测量次数都比较少，因此，3σ 准则只能是一个近似准则。

对于某个测量列 $x_i(i=1\sim n)$，若各测量值 x_i 只含有随机误差，根据随机误差正态分布规律，其偏差 d_i 落在 $\pm3\sigma$ 以外的概率约为0.3%。如果在测量列中发现某测量值的偏差大于 3σ，亦即

$$|d_i| > 3\sigma$$

则可认为它含有粗大误差，应该剔除。

当使用拉依达的 3σ 准则时，允许一次将偏差大于 3σ 的所有数据剔除，然后，再将剩

余各个数据重新计算 σ，并再次用 3σ 判据继续剔除超差数据。

拉依达的 3σ 准则偏于保守。在测量次数 n 较少时，粗大误差出现的次数极少。由于测量次数 n 不大，粗大误差在求方差平均值过程中将会是举足轻重的，会使标准差估值显著增大。也就是说，在此情况下，有个别粗大误差也不一定能判断出来。

2. t 检验准则

由数学统计理论已证明，在测量次数较少时，随机变量服从 t 分布，即 $t=(\overline{x}-\alpha)\times\sqrt{n}/\sigma$ t 分布不仅与测量值有关还与测量次数 n 有关，当 $n>10$ 时 t 分布就很接近正态分布了。所以当测量次数较少时，依据 t 分布原理的 t 检验准则来判别粗大误差较为合理。t 检验准则的特点是先剔除 1 个可疑的测量值，而后再按 t 分布检验准则确定该测量值是否应该被删除。

设对某物理量作多次测量，得测量列 $x_i(i=1\sim n)$，若认为其中测量值 x_i 为可疑数据，将它剔除后计算平均值为（计算时不包括 x_j）

$$\overline{x}=\frac{1}{n-1}\sum_{\substack{i=1\\ i=j}}^{n}x_i$$

并求得测量列的标准误差 σ(不包括 $d_j=x_j-\overline{x}$)

$$\sigma=\sqrt{\frac{1}{n-2}\sum_{\substack{i=1\\ i=j}}^{n}d_i^2}$$

根据测量次数 n 和选取的显著性水平 α，即可由表 2-2 中查得 t 检验系数 $K(n,\alpha)$，若

$$|x_j-\overline{x}|>K(n,\alpha)\times\sigma \tag{2-8}$$

则认为测量值 x_j 含有粗大误差，剔除 x_j 是正确的，否则，就认为 x_j 不含有粗大误差，应当保留。

表 2-2　t 检验系数 $K(n,\alpha)$ 表

n	显著性水平 α		n	显著性水平 α	
	0.05	0.01		0.05	0.01
	$K(n,\alpha)$			$K(n,\alpha)$	
4	4.97	11.46	18	2.18	3.01
5	3.56	6.53	19	2.17	3.00
6	3.04	5.04	20	2.16	2.95
7	2.78	4.36	21	2.15	2.93
8	2.62	3.96	22	2.14	2.91
9	2.51	3.71	23	2.13	2.90
10	2.43	3.54	24	2.12	2.88
11	2.37	3.41	25	2.11	2.86
12	2.33	3.31	26	2.10	2.85
13	2.29	3.23	27	2.10	2.84
14	2.26	3.17	28	2.09	2.83
15	2.24	3.12	29	2.09	2.82
16	2.22	3.08	30	2.08	2.81
17	2.20	3.04			

3. **格拉布斯（Grubbs）准则**

设对某量作多次独立测量，得一组测量列 $x_i(i=1\sim n)$，当 x_i 服从正态分布时，计算可得

$$\overline{x}=\frac{1}{n}\sum_{i=1}^{n}x_i$$

$$\sigma=\sqrt{\frac{1}{n-1}\sum_{i=1}^{n}(x_i-\overline{x})^2}$$

为了检验数列 $x_i(i=1\sim n)$ 中是否存在粗大误差，将 x_i 按大小顺序排列成顺序统计量，即

$$x_{(1)}\leqslant x_{(2)}\leqslant \Lambda \leqslant x_{(n)}$$

若认为 $x_{(n)}$ 可疑，则有

$$g_{(n)}=\frac{x_{(n)}-\overline{x}}{\sigma} \tag{2-9}$$

若认为 $x_{(1)}$ 可疑，则有

$$g_{(1)}=\frac{\overline{x}-x_{(1)}}{\sigma} \tag{2-10}$$

取显著性水平 α=0.05、0.025、0.01，可得表 2-3 的格拉布斯判据的临界值 $g_0(n，\alpha)$。

表 2-3 格拉布斯判据表

n	显著性水平 α			n	显著性水平 α		
	0.05	0.025	0.01		0.05	0.025	0.01
	$g_0(n,\alpha)$				$g_0(n,\alpha)$		
3	1.15	1.15	1.15	20	2.56	2.71	2.88
4	1.46	1.48	1.49	21	2.58	2.73	2.91
5	1.67	1.71	1.75	22	2.60	2.76	2.94
6	1.82	1.89	1.94	23	2.62	2.78	2.96
7	1.94	2.02	2.10	24	2.64	2.80	2.99
8	2.03	2.13	2.22	25	2.66	2.82	3.01
9	2.11	2.21	2.32	30	2.75	2.91	3.10
10	2.18	2.29	2.41	35	2.82	2.98	3.18
11	2.23	2.36	2.48	40	2.87	3.04	3.24
12	2.29	2.41	2.55	45	2.92	3.09	3.29
13	2.33	2.46	2.61	50	2.96	3.13	3.34
14	2.37	2.51	2.66	60	3.03	3.20	3.39
15	2.41	2.55	2.71	70	3.09	3.26	3.44
16	2.44	2.59	2.75	80	3.14	3.31	3.49
17	2.47	2.62	2.79	90	3.18	3.35	3.54
18	2.50	2.65	2.82	100	3.21	3.38	3.59
19	2.53	2.68	2.85				

在取定显著水平 α 后，若随机变量 $g_{(n)}$ 和 $g_{(1)}$ 大于或者等于该随机变量临界值 $g_0(n，\alpha)$ 时，即

$$g_{(i)}\geqslant g_0(n,\alpha) \tag{2-11}$$

则判别该测量值含粗大误差，应当剔除。

例 2-4 对某物理量进行 15 次测量，测得的值列于表 2-4。若设这些值已消除了系统误差，试分别用 3σ 准则、t 检验准则和格拉布斯准则来判别该测量列中，是否含有粗大误差的测量值。

解： 在这几种判别准则中，都需要计算算术平均值 $\overline{x}$ 和标准误差 σ，现将中间计算结果也列于表 2-4 中。

表 2-4 测量值及算术平均值 x 与偏差计算结果表

序号	x	d	d^2	d'	d'^2
1	0.42	0.016	0.000256	0.009	0.000081
2	0.43	0.026	0.000676	0.019	0.000361
3	0.40	−0.004	0.000016	−0.011	0.000121
4	0.43	0.026	0.000676	0.019	0.000361
5	0.42	0.016	0.000256	0.009	0.000081
6	0.43	0.026	0.000676	0.019	0.000361
7	0.39	−0.014	0.000196	−0.021	0.000441
8	0.30	−0.104	0.010816	—	—
9	0.40	−0.004	0.000016	−0.011	0.000121
10	0.43	0.026	0.000676	0.019	0.000361
11	0.42	0.016	0.000256	0.009	0.000081
12	0.41	0.006	0.000036	−0.001	0.000001
13	0.39	−0.014	0.000196	−0.021	0.000441
14	0.39	−0.014	0.000196	−0.021	0.000441
15	0.40	0.004	0.000016	−0.011	0.000121
计算结果	$\overline{x}=0.404$ $\overline{x}'=0.411$	$\sum d=0$	$\sum d^2=0.01496$	$\sum d'=-0.006$	$\sum d'^2=0.003374$

(1) 按 3σ 准则判别

由表 2-4 可算出算术平均值 $\overline{x}$ 和标准误差 σ，分别为

$$\overline{x}=\frac{\sum_{i=1}^{15}x_i}{n}=\frac{\sum_{i=1}^{15}x_i}{15}=0.404$$

$$\sigma=\sqrt{\frac{\sum_{i=1}^{n}d_i^2}{n-1}}=\sqrt{\frac{0.01496}{15-1}}=0.033$$

于是

$$3\sigma=3\times0.033=0.099$$

根据 3σ 准则，第 8 个测得值的偏差为

$$|d_8|=0.104>3\sigma=0.099$$

则测量值 x_8 含有粗大误差，故应将此数据剔除。再将剩余的 14 个测得值重新计算，得

$$\overline{x}'=\frac{\sum_{i=1}^{n'}x_i}{n'}=\frac{\sum_{i=1}^{14}x_i}{14}=0.411$$

$$\sigma' = \sqrt{\frac{\sum_{i=1}^{n'} d'^2_i}{n'-1}} = \sqrt{\frac{0.003374}{14-1}} = 0.016$$

由于

$$3\sigma' = 3\times0.016 = 0.048$$

由表 2-4 可知，剩余的 14 个测得值的偏差 d_i'均满足

$$|d_i'| < 3\sigma'$$

故可以认为这些剩下的测量值不再含有粗大误差。

(2) 按 t 检验准则判别

根据 t 检验准则，首先怀疑第 8 个测得值含有粗大误差，将其剔除。然后再将剩下的 14 个测量值分别算出其算术平均值和标准误差为

$$\overline{x'} = 0.411$$

$$\sigma' = 0.016$$

若选取显著性水平 $\alpha=0.05$，已知 $n=15$，查表 2-2，得 $K(15，0.05)=2.24$，则有

$$K(15，0.05)\times\sigma' = 2.24\times0.016 = 0.036$$

由表 2-4 知 $x_8=0.30$，于是

$$|x_8-\overline{x'}| = |0.30-0.411| = 0.111 > 0.036$$

故第 8 个测量值含有粗大误差，应该剔除。

然后，以同样的方法，对剩余的 14 个测量值进行判别，最后可得知这些测量值不再含有粗大误差了。

(3) 按格拉布斯准则判别

按测量值的大小，作顺序排列可得

$$x_{(1)} = 0.30, \qquad x_{(15)} = 0.43$$

此两个测量值 $x_{(1)}$，$x_{(15)}$ 都应列为可疑对象，但

$$\overline{x} - x_{(1)} = 0.404 - 0.30 = 0.104$$

$$x_{(15)} - \overline{x} = 0.43 - 0.404 = 0.026$$

故应首先怀疑 $x_{(1)}$ 是否含有粗大误差。根据式(2-10)，并代入相应数据得

$$g_{(1)} = \frac{0.404-0.30}{0.033} = 3.15$$

选取显著性水平 $\alpha=0.05$，且由于 $n=15$，查表 2-3 得

$$g_{0(15,0.05)} = 2.41$$

由于

$$g_{(1)} = 3.15 > g_{0(15,0.05)} = 2.41$$

故第 8 个测量值 x_8 含有粗大误差，应该剔除。

将剩下的 14 个数据，再重复以上步骤，判别 $x_{(15)}$ 是否也含有粗大误差。由于

$$\overline{x'} = 0.411, \qquad \sigma' = 0.016$$

根据式(2-9)，算得

$$g_{(15)} = \frac{0.43-0.411}{0.016} = 1.18$$

同样取显著水平 $\alpha=0.05$，再根据 $n'=n-1=14$，由表 2-3 中查得

$$g_0(14,0.05)=2.37$$

故可判别 $x_{(15)}$ 不含有粗大误差，而剩下的测量值的统计量都小于 1.18，故可认为其余的测量值也不含有粗大误差。

二、判别粗大误差注意事项

1. 合理选用判别准则

在上面介绍的准则中，3σ 准则适用于测量次数较多的数列。一般情况下，测量次数都比较少，因此用此方法判别，其可靠性不高，但由于它使用简便，又不需要查表，故在要求不高时，还是经常使用。对测量次数较少、而要求又较高的数列，应采用 t 检验准则或格拉布斯准则。当测量次数很少时，可采用 t 检验准则。

2. 采用逐步剔除方法

按前面介绍的判别准则，若判别出测量数列中有两个以上测量值含有粗大误差时，只能首先剔除含有最大误差的测量值，然后重新计算测量数列的算术平均值及其标准差，再对剩余的测量值进行判别，依此程序逐步剔除，直至所有测量值都不再含有粗大误差时为止。

3. 显著水平 α 值不宜选得过小

上面介绍的判别粗大误差的 3 个准则，除 3σ 准则外，都涉及选显著水平 α 值的问题。如果把 α 值选小了，把不是粗大误差判为粗大误差的错误概率 α 固然是小了，但反过来把确实混入的粗大误差判为不是粗大误差的错误概率却增大了，这显然也是不允许的。

第六节 直接测量值的误差估算

一、一次测量值的误差估算

如果在实验中，由于条件不许可，或要求不高等原因，对一个物理量的直接测量只进行 1 次，这时可以根据具体的实际情况，对测量值的误差进行合理的估计。

下面介绍如何根据所使用的仪表估算一次测量值的误差。

1. 给出准确度等级类的仪表

如电工仪表、转子流量计等。

（1）准确度的表示方法　这些仪表的准确度常采用仪表的最大引用误差和准确度等级来表示。

仪表的最大引用误差的定义为

$$最大引用误差=\frac{仪表示值的绝对误差值}{该仪表相应档次量程的绝对值}\times 100\% \tag{2-12}$$

式中仪表示值的绝对误差值是指在规定的正常情况下，被测参数的测量值与被测参数的标准值之差的绝对值的最大值。对于多档仪表，不同档次示值的绝对误差和量程范围均不相同。

式(2-12）表明，若仪表示值的绝对误差相同，则量程范围愈大，最大引用误差愈小。

我国电工仪表的准确度等级 p 有 7 种：0.1、0.2、0.5、1.0、1.5、2.5、5.0。一般来说，如果仪表的准确度等级为 p 级，则说明该仪表最大引用误差不会超过 $p\%$，而不能认为它在各刻度点上的示值误差都具有 $p\%$ 的准确度。

（2）测量误差的估算　设仪表的准确度等级为 p 级，则最大引用误差为 $p\%$。设仪表的量程范围为 x_n，仪表的示值为 x，则由式(2-12）得该示值的误差为

绝对误差
$$D(x)\leqslant x_n\times p\% \tag{2-13}$$

相对误差
$$E_r(x)=\frac{D(x)}{x}\leqslant\frac{x_n}{x}\times p\% \tag{2-14}$$

式(2-13）和（2-14）表明

① 若仪表的准确度等级 p 和量程范围 x_n 已固定，则测量的示值 x 愈大，测量的相对误差愈小。

② 选用仪表时，不能盲目地追求仪表的准确度等级，因为测量的相对误差还与 x_n/x 有关，应该兼顾仪表的准确度等级和 x_n/x 两者。

例 2-5　今欲测量大约 90V 的电压，实验室有 0.5 级 0～300V 和 1.0 级 0～100V 的电压表，问选用哪一种电压表测量较好？

解： 用 0.5 级 0～300V 的电压表测量 90V 时的最大相对误差为

$$E_r(x)=\frac{x_n}{x}\times p\%=\frac{300}{90}\times 0.5\%=1.7\%$$

而用 1.0 级 0～100V 的电压表测量 90V 时的最大相对误差为

$$E_r(x)=\frac{100}{90}\times 1.0\%=1.1\%$$

此例说明，如果选择恰当，用量程范围适当的 1.0 级仪表进行测量，能得到比用量程范围大的 0.5 级仪表更准确的结果。因此，在选用仪表时，要纠正单纯追求准确度等级“越高越好”的倾向，而应根据被测量的大小，兼顾仪表的级别和测量上限，合理地选择仪表。

2. 不给出准确度等级类的仪表

如天平类等。

（1）准确度的表示方法　这些仪表的准确度用式(2-15）表示。

$$仪表的准确度=\frac{0.5\times 名义分度值}{量程的范围} \tag{2-15}$$

名义分度值是指测量仪表最小分度所代表的数值。如 TG-328A 型天平，其名义分度值

（感量）为0.1mg，测量范围为0～200g，则其

$$准确度=\frac{0.5\times0.1}{(200-0)\times10^3}=2.5\times10^{-7}$$

若仪器的准确度已知，也可用式(2-15) 求得其名义分度值。

(2) 测量误差的估算　使用这类仪表时，测量值的误差可用式(2-16)、式(2-17) 来确定。

绝对误差 $D(x)$　　$D(x)\leqslant 0.5\times$名义分度值　　(2-16)

相对误差 $E(x)$　　$E(x)=\frac{0.5\times名义分度值}{测量值}$　　(2-17)

从这两类仪表看，当测量值越接近于量程上限时，其测量准确度越高；测量值越远离量程上限时，其测量准确度越低。这就是为什么使用仪表时，尽可能在仪表满刻度值 2/3 以上量程内进行测量的缘由所在。

二、多次测量值的误差估算

如果一个物理量的值是通过多次测量得出的，那么该测量值的误差可通过标准误差来估算。

设某一量重复测量了 n 次，各次测量值为 x_1、x_2、…、x_n，该组数据的

平均值　　$\bar{x}=(x_1+x_2+\Lambda+x_n)/n$，

标准误差　　$\sigma=\sqrt{\sum(x_i-\bar{x})^2/(n-1)}$

则 $\bar{x}$ 值的绝对误差和相对误差按式(2-16)和式(2-17)估算。

第七节

间接测量值的误差估算

间接测量值是由一些直接测量值按一定的函数关系计算而得，如雷诺数 $Re=(du\rho)/\mu$ 就是间接测量值。由于直接测量值有误差，因而使间接测量值也必然有误差。怎样由直接测量值的误差估算间接测量值的误差，这就涉及误差的传递问题。

一、误差传递的一般公式

设有一间接测量值 y，y 是直接测量值 x_1，x_2，Λ，x_n 的函数，即 $y=f(x_1,x_2,\Lambda,x_n)$，Δx_1，Δx_2，Λ，Δx_n 分别代表直接测量值 x_1，x_2，Λ，x_n 的由绝对误差引起的增量，Δy 代表由 Δx_1，Δx_2，Λ，Δx_n 引起的 y 的增量。则

$$\Delta y=f(x_1+\Delta x_1,x_2+\Delta x_2,\Lambda,x_n+\Delta x_n)-f(x_1,x_2,\Lambda,x_n) \tag{2-18}$$

由泰勒（Talor）级数展开，并略去二阶以上的量，得到

$$\Delta y=\frac{\partial y}{\partial x_1}\Delta x_1+\frac{\partial y}{\partial x_2}\Delta x_2+\Lambda+\frac{\partial y}{\partial x_n}\Delta x_n \tag{2-19}$$

或

$$\Delta y=\sum_{i=1}^{n}\frac{\partial y}{\partial x_i}\Delta x_i \tag{2-20}$$

在数学上，式中 Δx_i 和 $\frac{\partial y}{\partial x_i}\Delta x_i$ 均可正可负。但在误差估算中常常又无法确定它们是正是负，因此式(2-20) 无法直接用于误差的估算。

1. 绝对值相加合成法的一般公式

从最坏的情况出发，不考虑各个直接测量值的绝对误差对 y 的绝对误差的影响实际上有抵消的可能，则可取间接测量值 y 的最大绝对误差为

$$D(y)=\sum_{i=1}^{n}\left|\frac{\partial y}{\partial x_i}D(x_i)\right| \tag{2-21}$$

式中 $\frac{\partial y}{\partial x_i}$——误差传递系数；

$D(x_i)$ ——直接测量值的绝对误差；

$D(y)$ ——间接测量值的最大绝对误差。

最大相对误差的计算式为

$$E_r(y)=\frac{D(y)}{|y|}=\sum_{i=1}^{n}\left|\frac{\partial y}{\partial x_i}\frac{D(x_i)}{y}\right| \tag{2-22}$$

2. 几何合成法的一般公式

绝对值相加合成法求得的是误差的最大值，它近似等于误差实际值的概率是极小的。根据概率论，采用几何合成法则较符合事物固有的规律。

$$y=f(x_1,x_2,\Lambda,x_n) \tag{2-23}$$

间接测量值 y 值的绝对误差为

$$D(y)=\sqrt{\left[\frac{\partial y}{\partial x_1}D(x_1)\right]^2+\left[\frac{\partial y}{\partial x_2}D(x_2)\right]^2+\Lambda+\left[\frac{\partial y}{\partial x_n}D(x_n)\right]^2}=\sqrt{\sum_{i=1}^{n}\left[\frac{\partial y}{\partial x_i}D(x_i)\right]^2} \tag{2-24}$$

间接测量误差 y 值的相对误差为

$$E_r(y)=\frac{D(y)}{|y|}=\sqrt{\left[\frac{\partial y}{\partial x_1}\frac{D(x_1)}{y}\right]^2+\left[\frac{\partial y}{\partial x_2}\frac{D(x_2)}{y}\right]^2+\Lambda+\left[\frac{\partial y}{\partial x_n}\frac{D(x_n)}{y}\right]^2} \tag{2-25}$$

从式(2-21)～式(2-25) 可以看出，间接测量值的误差不仅取决于直接测量值的误差，还取决于误差传递系数。

二、误差传递公式的应用

1. 加、减函数式

例 2-6 $y=\pm 5x$

解：由式(2-24) 得 $D(y)=\sqrt{[\pm 5D(x)]^2}=5D(x)$；$E_r(y)=D(y)/|y|$

例 2-7
$$y=-4x_1+5x_2-6x_3$$

解：由式(2-24) 可得绝对误差为

$$D(y)=\sqrt{[D(4x_1)]^2+[D(5x_2)]^2+[D(6x_3)]^2}$$
$$=\sqrt{[4D(x_1)]^2+[5D(x_2)]^2+[6D(x_3)]^2}$$

相对误差为
$$E_r(y)=D(y)/|y|$$

由此可见，和、差的绝对误差的平方，等于参与加减运算的各项的绝对误差的平方之和，而常数与变量乘积的绝对误差等于常数的绝对值乘以变量的绝对误差。

例 2-8
$$y=x_1-x_2$$

解：绝对误差为
$$D(y)=\sqrt{D(x_1)^2+D(x_2)^2}$$

相对误差为 $E_r(y)=D(y)/|y|=\sqrt{[D(x_1)]^2+[D(x_2)]^2}/|x_1-x_2|$

由上式知，x_1-x_2 差值愈小，相对误差愈大，有时可能在差值计算中将原始数据所固有的准确度全部损失掉。如 539.5－538.5＝1.0，若原始数据的绝对误差等于 0.5，其相对误差小于 0.093％，但差值的绝对误差为 0.5＋0.5＝1.0，而相对误差等于 1.0/1.0＝100％，是原始数据相对误差的 1075 倍。故在实际工作中应尽力避免出现此类情况。一旦遇上难于避免时，一般采用两种措施，一是改变函数形式，如设法转换为三角函数；另一方法是，若 x_1 和 x_2 不是直接测量值而是中间计算结果，则可人为多取几位有效数字位，以尽可能减小差的相对误差。

2. 乘、除函数式

例 2-9
$$y=x^3$$

传递系数
$$\frac{\partial y}{\partial x}=3x^2$$

由式(2-25) 可得相对误差 $E_r(y)=\dfrac{D(y)}{|y|}=\dfrac{\sqrt{\left[\dfrac{\partial y}{\partial x}\mathrm{d}(x)\right]^2}}{|x^3|}=3E_r(x)$

绝对误差
$$D(y)=E_r(y)\times|y|$$

例 2-10
$$y=\frac{x_1x_2^2x_3^3}{x_4^4x_5^5}$$

由式(2-25) 可得相对误差

$$E_r(y)=\sqrt{\left[\frac{\partial y}{\partial x_1}\frac{D(x_i)}{y}\right]^2+\left[\frac{\partial y}{\partial x_2}\frac{D(x_i)}{y}\right]^2+\left[\frac{\partial y}{\partial x_3}\frac{D(x_i)}{y}\right]^2+\left[\frac{\partial y}{\partial x_4}\frac{D(x_i)}{y}\right]^2+\left[\frac{\partial y}{\partial x_5}\frac{D(x_i)}{y}\right]^2}$$
$$=\sqrt{\left[\frac{D(x_i)}{x_1}\right]^2+\left[\frac{2D(x_i)}{x_2}\right]^2+\left[\frac{3D(x_i)}{x_3}\right]^2+\left[\frac{4D(x_i)}{x_4}\right]^2+\left[\frac{5D(x_i)}{x_5}\right]^2}$$
$$=\sqrt{[E_r(x_1)]^2+[2E_r(x_2)]^2+[3E_r(x_3)]^2+[4E_r(x_4)]^2+[5E_r(x_5)]^2}$$

绝对误差为

$$D(y)=E_r(y)\times|y|$$

由上可知，积和商的相对误差的平方，等于参与运算的各项的相对误差的平方之和。

而幂运算结果的相对误差，等于其底数的相对误差乘其方次的绝对值，因此，乘除法运算进行得愈多，计算结果的相对误差也就愈大。

对于乘除运算式，先计算相对误差，再计算绝对误差较方便。对于加减运算式，则正好相反。

现将计算函数误差的各种关系式，列于表 2-5。

表 2-5　某些函数误差几何合成法的简便公式

函数式	误差几何合成法的简便公式	
	绝对误差 $D(y)$	相对误差 $E_r(y)$
$y=c$	$D(y)=0$	$E_r(y)=0$
$y=x_1+x_2+x_3$	$D(y)=\sqrt{[D(x_1)]^2+[D(x_2)]^2+[D(x_3)]^2}$	$E_r(y)=D(y)/\lvert y\rvert$
$y=cx_1-x_2$	$D(y)=\sqrt{[D(cx_1)]^2+[D(x_2)]^2}$	$E_r(y)=D(y)/\lvert y\rvert$
$y=cx$	$D(y)=\lvert c\rvert\times D(x)$	$E_r(y)=D(y)/\lvert y\rvert=E_r(x)$
$y=x_1x_2$	$D(y)=E_r(y)\times\lvert y\rvert$	$E_r(y)=\sqrt{[E_r(x_1)]^2+[E_r(x_2)]^2}$
$y=cx_1/x_2$	$D(y)=E_r(y)\times\lvert y\rvert$	$E_r(y)=\sqrt{[E_r(x_1)]^2+[E_r(x_2)]^2}$
$y=(x_1x_2)/x_3$	$D(y)=E_r(y)\times\lvert y\rvert$	$E_r(y)\times\lvert y\rvert E_r(y)$ $=\sqrt{[E_r(x_1)]^2+[E_r(x_2)]^2+[E_r(x_3)]^2}$
$y=x^n$	$D(y)=E_r(x)\times\lvert y\rvert$	$E_r(y)=\lvert n\rvert\times E_r(x)$
$y=\sqrt[n]{x}$	$D(y)=E_r(x)\times\lvert y\rvert$	$E_r(y)=\frac{1}{n}E_r(x)$
$y=\lg x$	$D(y)=0.4343E_r(x)$	$E_r(y)=D(y)/\lvert y\rvert$

以上误差的估算，是根据几何合成法计算的。但为保险起见，最大误差法也常被采用。

三、误差分析的应用举例

应用举例（一）

根据各项直接测量值的误差和已知的函数关系，计算间接测量值的误差，确定实验的准确度，找到误差的主要来源及每一因素所引起的误差大小，从而可以改进研究方法和方案。

例 2-11　用体积法标定流量计时，通常待标流量计的流量按下式计算

$$Q=\frac{\Delta V}{\Delta\tau}=\frac{A\times\Delta h}{\Delta\tau}=\frac{l\times b\times\Delta h}{\Delta\tau}$$

式中　Q——体积流量，m^3/s；

$\Delta\tau$——用计量筒接收液体的时间，s；

Δh——在 $\Delta\tau$[s] 时间内计量筒内液面的升高量，m；

A——计量筒内的水平截面积，m^2；

l，b——计量筒矩形水平截面的长和宽，m。

已测得的数据为：$l=0.5000$m，$b=0.3000$m，$\Delta h=0.5500$m，$\Delta\tau=32.16$s。l、b、Δh 测量用的标尺的最小刻度为 1mm；计时采用数字式秒表，读数可读到 0.01s。

试估算和分析体积流量值 Q 的误差。

解：(1) 各直接测量值误差的估算

① $l=0.5000\text{m}$

绝对误差 $D(l)=0.0005\text{m}$(最小刻度值的 0.5 倍)

相对误差 $$E_r(l)=\frac{D(l)}{|l|}=1.0\times10^{-3}$$

② $$b=0.3000\text{m}$$

$$D(b)=0.0005\text{m}$$

$$E_r(b)=\frac{D(b)}{|l|}=1.7\times10^{-3}$$

③ $$\Delta h=h_1-h_2=0.5500\text{m}$$

$$D(h_1)=D(h_2)=0.0005\text{m}$$

$$D(\Delta h)=\sqrt{[D(h_2)]^2+[D(h_1)]^2}=7.1\times10^{-4}\text{m}$$

$$E_r(\Delta h)=\frac{D(\Delta h)}{|\Delta h|}=1.30\times10^{-3}$$

④ $$\Delta\tau=\tau_1-\tau_2=32.16\text{s}$$

尽管秒表的读数可读到 0.01s，但计时有个开停秒表操作，必须会给 $\Delta\tau$ 的测量值带来较大的随机误差。现取 $D(\tau_1)=D(\tau_2)=0.1\text{s}$

$$D(\Delta\tau)=\sqrt{[D(\tau_2)]^2+[D(\tau_1)]^2}=0.14\text{s}$$

$$E_r(\Delta\tau)=\frac{D(\Delta\tau)}{|\Delta\tau|}=0.436\times10^{-2}\text{s}$$

(2) 中间计算结果数据误差的估算

$$A=l\times b=0.5000\times0.3000=1.500\times10^{-1}\text{m}^2$$

$$E_r(A)=\sqrt{[E_r(l)]^2+[E_r(b)]^2}=\sqrt{(1.0\times10^{-3})^2+(1.7\times10^{-3})^2}=1.98\times10^{-3}$$

$$D(A)=|A|\times E_r(A)=2.97\times10^{-4}\text{m}$$

(3) 最后计算结果数据误差的估算

$$Q=(A\times\Delta h)/\Delta\tau=(0.1500\times0.5500)/32.16=2.56530\times10^{-3}\text{m}^3/\text{s}$$

$$\begin{aligned}[E_r(Q)]^2&=[E_r(A)]^2+[E_r(\Delta h)]^2+[E_r(\Delta\tau)]^2\\&=(1.98\times10^{-3})^2+(1.30\times10^{-3})^2+(0.436\times10^{-2})^2\\&=3.92\times10^{-6}+1.69\times10^{-6}+0.191\times10^{-4}=0.248\times10^{-4}\end{aligned}$$

$$E_r(Q)=0.50\times10^{-2}$$

$$D(Q)=|Q|\times E_r(Q)=1.3\times10^{-5}\text{m}^3/\text{s}$$

所以待标定流量计的流量 Q 测定结果可表示为

$$Q=2.56530\times10^{-3}\pm D(Q)=(2.57\pm0.013)\times10^{-3}\text{m}^3/\text{s}$$

或 $$Q=2.57\times10^{-3}(1\pm5.0\times10^{-3})\text{m}^3/\text{s}$$

当然，$D(\tau_1)$ 取值不同，$D(Q)$ 也会发生变化，各测量值的误差占总误差的比例也会不同，见表 2-6。

(4) 误差主要原因及其对策的分析

由以上计算可见

表 2-6　各测量值的误差占总误差的比例

$D(\tau_1)=D(\tau_2)$	$\frac{[E_r(\Delta\tau)]^2}{[E_r(Q)]^2}$	$\frac{[E_r(A)]^2}{[E_r(Q)]^2}$	$\frac{[E_r(\Delta h)]^2}{[E_r(Q)]^2}$
s	%		
0.3	$\frac{1.80\times10^{-4}}{1.86\times10^{-4}}=97$	$\frac{3.92\times10^{-6}}{1.86\times10^{-4}}=2.1$	$\frac{1.69\times10^{-6}}{1.86\times10^{-4}}=0.9$
0.1	$\frac{0.191\times10^{-4}}{0.248\times10^{-4}}=77$	$\frac{3.92\times10^{-6}}{0.248\times10^{-4}}=16$	$\frac{1.69\times10^{-6}}{0.248\times10^{-4}}=7$
0.05	$\frac{4.89\times10^{-6}}{1.05\times10^{-5}}=47$	$\frac{3.92\times10^{-6}}{1.05\times10^{-5}}=37$	$\frac{1.69\times10^{-6}}{1.05\times10^{-5}}=16$
0.01	$\frac{0.193\times10^{-6}}{5.81\times10^{-6}}=3$	$\frac{3.92\times10^{-6}}{5.81\times10^{-6}}=68$	$\frac{1.69\times10^{-6}}{5.81\times10^{-6}}=29$

① 尽管选用的秒表精度较高，但操作中当开停秒表的时间超过 0.1s 后，在所给定实验数据的情况下，造成体积流量 Q 误差的主要因素是 $\Delta\tau$ 值的测量。在 $D(\Delta\tau)$ 值无法再减小的情况下，减小 $E_r(\Delta\tau)$ 值的唯一办法是增大 $\Delta\tau$ 值，为此，在设计时应让计量筒有足够大的容量，在操作时应让接液（水）的时间足够长。

② 当操作中使开停秒表的时间尽量缩短，一旦接近秒表可读值 0.01s 时，则造成 Q 误差的主要因素变为是 A 值的测量，要提高测量的准确度，必须在设计时让计量筒的截面积足够大。

由误差估算与分析得知，用体积法标定液体流量计时，要提高流量测量的准确度必须从装置设计和严格操作要求同时入手。

应用举例（二）

在规定被测量总误差要求的前提下，如何确定每一单项被测量的误差，进而对实验设计加以分析，以便对实验方案和选用的仪表提出有益的建议。

例 2-12　管道内的流动介质是水时，管道直管摩擦系数 λ 可用下式表示

$$\lambda=(R_1-R_2)\times\frac{d}{l}\times\frac{2g}{u^2}=\frac{2g\pi^2}{16}\times\frac{d^5(R_1-R_2)}{l\times V^2}$$

式中　(R_1-R_2)——被测量段前后的压力差（假设 $R_1>R_2$），mH_2O；

V——流量，m^3/s；

l——被测量段长度，m；

d——管道内径，m。

要测定层流状态下，内径 $d=6.00\times10^{-3}$ m 的管道的摩擦系数 λ，希望在 $Re=2000$ 时，λ 的相对误差小于 5%，应如何确定实验设备的尺寸和选用仪表？

解：按几何合成法确定估算 λ 关系式中各项的误差值

$$E_r(\lambda)=\sqrt{[5E_r(d)]^2+[2E_r(V)^2]+[E_r(l)]^2+[E_r(R_1-R_2)]^2}$$

因为在 d，V 确定后，$E_r(l)$ 和 $E_r(R_1-R_2)$ 均随 l 而变，为简化问题，按惯用的等作用原则进行误差分配。即假设$[5E_r(d)]^2=[2E_r(V)]^2=[E_r(R_1-R_2)]^2=m^2$

所以 $E_r(\lambda)=\sqrt{3m^2}=0.05, m=2.89\times10^{-2}$

(1) 流量项的分误差估计

由上可知 $2E_r(V)=m$，按测量要求 $E_r(V)=\frac{m}{2}=1.4\times10^{-2}$

$$V=Re\times\frac{d\mu\pi}{\rho\cdot4}=2000\times\frac{6.00\times10^{-3}\times10^{-3}\times\pi}{1000\times4}=9.42\times10^{-6}\,m^3/s$$

即
$$V=33.9L/h$$

若目前实验室采用的是准确度等级为 2.5 级、量程为 (6～60)L/h 的流量计，其误差为

$$E_r(V)=\frac{D(V)}{V}=\frac{2.5\%\times(60-6)}{33.9}=4.0\times10^{-2}>1.4\times10^{-2}$$

显然，不符合测量要求。

① 如果仍用量程范围为 (6～60)L/h 的流量计来测量流量，那应选哪个准确度等级的流量计呢?

设流量计的准确度等级为 p。由前已知，

满足测量要求的 $E_r(V)=1.4\times10^{-2}=D(V)/|V|=D(V)/33.9$

满足测量要求的 $D(V)=33.9\times1.4\times10^{-2}=0.49$

令 $D(V)=p\%\times$(量程上限－量程下限)$=p\%\times(60-6)=0.49$

则
$$p=\frac{0.49}{60-6}\times100=0.9$$

故应该选用准确度等级为 0.5 级，量程为 (6～60)L/h 的流量计。

② 如果用体积法测量流量，用满刻度为 500mL 筒量，经核对，水量测量的随机误差约为±5.0mL，开停秒表的随机误差估计为±0.1s，当 $Re=2000$ 时，每次测量水量 (V_t) 约为 450mL，需时间 (t)48s 左右。

因为
$$V=V_t/t$$

所以流量测量的相对误差

$$E_r(V)=\sqrt{[E_r(V_t)]^2+[E_r(t)]^2}=\sqrt{\left[\frac{D(V_t)}{V_t}\right]^2+\left[\frac{D(t)}{t}\right]^2}$$

$$=\sqrt{\left(\frac{5}{450}\right)^2+\left(\frac{0.1}{48}\right)^2}=1.1\times10^{-2}<1.4\times10^{-2}$$

能满足流量测量误差的要求。

(2) 管内径分误差的估计

由前已知，满足测量要求的 $E_r(d)=m/5=5.8\times10^{-3}$

如果用最小分度为 0.02mm 的游标卡尺测量直径，绝对误差为 0.00001m，

则相对误差为 $E_r(d)=\frac{D(d)}{|d|}=\frac{0.00001}{0.00600}=1.7\times10^{-3}<5.8\times10^{-3}$

能满足流量测量误差的要求。

(3) 管长和压差分误差项

压差用分度为 1mm 的尺测量，读数随机误差 $D(R_1)=D(R_2)=0.5\times10^{-3}$m，

$$E_r(R_1-R_2)=\frac{D(R_1-R_2)}{R_1-R_2}=\frac{\sqrt{[D(R_1)]^2+[D(R_2)]^2}}{R_1-R_2}=\frac{\sqrt{(0.5\times10^{-3})^2\times2}}{R_1-R_2}$$

$$=7.07\times10^{-4}/(R_1-R_2)$$

压差测量值 R_1-R_2 与两测压点间的距离 l 之间的关系：
根据 $Re=2000$，可求出流速 u

$$u=\frac{V}{\frac{\pi}{4}d^2}=\frac{9.42\times10^{-6}}{\frac{\pi}{4}\times(6.00\times10^{-3})^2}=0.333$$

$$R_1-R_2=\frac{64}{Re}\times\frac{l}{d}\times\frac{u^2}{2g}=\frac{64}{2000}\times\frac{l\times(0.333)^2}{6.00\times10^{-3}\times2\times g}=3.02\times10^{-2}\times l$$

由上式算出的（R_1-R_2）等数据在 $D(l)=0.001\text{m}$ 时，其随 l 值的变化情况见表 2-7。由表可见，当 $l=1.000\text{m}$，用体积法测流量时，总误差为

$$\begin{aligned}E_r(\lambda)&=\sqrt{[5E_r(d)]^2+[2E_r(V)]^2+[E_r(l)]^2+[E_r(R_1-R_2)]^2}\\&=\sqrt{(5\times1.7\times10^{-3})^2+(2\times1.1\times10^{-2})^2+5.5\times10^{-4}}\\&=3.3\times10^{-2}<5.0\times10^{-2}\end{aligned}$$

表 2-7　$[E_r(l)]^2+[E_r(R_1-R_2)]^2$ 随 l 的变化

l/m	R_1-R_2/mH_2O	$E_r(l)$	$E_r(R_1-R_2)$	$[E_r(l)]^2+[E_r(R_1-R_2)]^2$
0.500	1.5×10^{-2}	2.0×10^{-3}	4.7×10^{-2}	2.2×10^{-3}
1.000	3.02×10^{-2}	1.0×10^{-3}	2.3×10^{-2}	5.5×10^{-4}
1.500	4.53×10^{-2}	6.7×10^{-4}	1.6×10^{-2}	2.4×10^{-4}

应补充指出的是：①为避免常数 π，g 介入对计算结果造成不良的影响，它们的有效数字位数应取足够多，一般可取 5～6 位，即取 $\pi=3.14159$，$g=9.80665$。②当某一项的实际误差值总是远大于要求的误差值，很难满足要求时，可适当地改变原定的关于误差分配的假设（如上例假设按等作用原则分配），增大它们要求的误差值，同时减小比较容易满足误差要求的某一项所要求的误差值。因此本例的计算结果随误差分配的假设而变，不是唯一的。

通过以上误差分析，可以得到的结论是

a. 为实验装置中，两测点的距离 l 的选定提供了依据；

b. 当所用流量计测得的体积流量 V 测量误差过大时，应采用设计合理的体积法来测量流量，或采用准确度等级比较高的流量计来测量流量；

c. 直径 d 的误差，因传递系数较大（等于 5），对总误差影响大，所以在制作该实验装置时必须设法提高其测量准确度。

附　本章符号表

英文字母：

A　真值

c　正态分布置信系数；常数

D　绝对误差

d　偏差；管道内径，m

E_r　相对误差

n　测量次数

m　误差值出现的次数

$\mathrm{d}P$　误差值出现在 $x \sim x+\mathrm{d}x$ 范围内的概率

P　误差值出现在 $x_1 \sim x_2$ 范围内的概率；仪表等级

x　测量值，测量的随机误差

$\bar{x}$　算术平均值

$\bar{x}_{均}$　均方根平均值

$\bar{x}_{对}$　对数平均值

$\bar{x}_{几}$　几何平均值

Δx　测量值 x 的增量

y　概率密度，测量值的函数

Δy　函数值 y 的增量

$\dfrac{\partial y}{\partial x_i}$　误差传递系数

希腊字母：

δ　算术平均误差

σ　标准误差

α　显著性水平

Λ　省略符号（下同）

第三章 实验数据处理

通常，实验的结果最初是以数据的形式表达的，要想进一步得出结果，必须对实验数据做进一步的整理，使人们清楚地了解各变量之间的定量关系，以便进一步分析实验现象，提出新的研究方案或得出规律，指导生产与设计。

第一节 列表法

列表法就是将实验数据列成表格表示，通常是整理数据的第一步，为标绘曲线图或整理成数学公式打下基础。

一、实验数据表的分类

实验数据表一般分为两大类，即原始记录数据表和整理计算数据表。

(1) 原始记录数据表必须在实验前设计好，以清楚地记录所有待测数据，如传热实验原始记录数据表的格式见表 3-1。

表 3-1 传热实验原始记录数据表年月日

装置编号： 换热器型式： 传热管内径 d_i：
传热管外径 d_0： 有效长度 L： 热流体： 冷流体：

项目		1	2	3	4	5	6
冷流体	流量计读数 V_R 进口温度 tc_1/℃或进口热电偶热电势 Ec_1/mV 出口温度 tc_2/℃或出口热电偶热电势 Ec_2/mV						
热流体	进口热电偶热电势 E_{R1}/mV 出口热电偶热电势 E_{R2}/mV						
管壁	热电偶热电势 Ewm/mV						
备注：							

(2) 整理计算数据表应简明扼要，只表达主要物理量（参变量）的计算结果，有时还可以列出实验结果的最终表达式，如传热实验整理计算数据表的格式见表 3-2。

表 3-2 传热实验整理计算数据表

项目		1	2	3	4	5	6
传热系数	α_i/[W/(m^2×℃)] α_0/[W/(m^2×℃)] K_0/[W/(m^2×℃)]						
传热管内	努塞尔准数 Nu 雷诺数 Re 普兰特准数 Pr						
计算机回归得到的准数关联式							
本人回归得到的准数关联式							
备注							

二、拟定实验数据表应注意的事项

（1）数据表的表头要列出物理量的名称、符号和单位。符号与单位之间用斜线“/”隔开。斜线不能重叠使用。单位不宜混在数字之中，造成分辨不清。

（2）要注意有效数字位数，即记录的数字应与测量仪表的准确度相匹配，不可过多或过少。

（3）物理量的数值较大或较小时，要用科学记数法来表示。以“物理量的符号$\times 10^{\pm n}$/单位”的形式，将$10^{\pm n}$记入表头，要注意表头中的$10^{\pm n}$与表中的数据应服从下式

$$物理量的实际值\times 10^{\pm n}=表中数据$$

（4）为便于排版和引用，每一个数据表都应在表的上方写明表号和表题（表名）。表格应按出现的顺序编号。表格的出现，在正文中应有所交代，同一个表尽量不跨页，必须跨页时，在此页上须注上“续表……”的字样。

（5）数据表格要正规，数据一定要书写清楚整齐，不得潦草。修改时宜用单线将错误的划掉，将正确的写在下面。各种实验条件及作记录者的姓名可作为“表注”，写在表的下方。

第二节 图示法

实验数据图示法的优点是直观清晰，便于比较，容易看出数据中的极值点、转折点、周期性、变化率以及其它特性。准确的图形还可以在不知数学表达式的情况下进行微积分运算，因此得到广泛的应用。

图示法的第1步就是按列表法的要求列出因变量y与自变量x相对应的y_i与x_i数据表格。

作曲线图时必须依据一定的法则（如下面介绍的），只有遵守这些法则，才能得到与实验点位置偏差最小而光滑的曲线图形。

一、坐标纸的选择

1. 坐标系

化工中常用的坐标系为直角坐标系，包括笛卡尔坐标系（又称普通直角坐标系）、半对数坐标系和对数坐标系。市场上有相应的坐标纸出售，也可选用相关的数据处理软件来处理数据，应根据数据特点来选择合理的坐标等。

（1）半对数坐标系　如图3-1所示。一个轴是分度均匀的普通坐标轴，另一个轴是分度不均匀的对数坐标轴。该图中的横坐标轴（x轴）是对数坐标，在此轴上，某点与原点的实际距离为该点对应数的对数值，但是在该点标出的值是真数。为了说明作图的原理，作一条平行于横坐标轴的对数数值线，（见图3-1）。

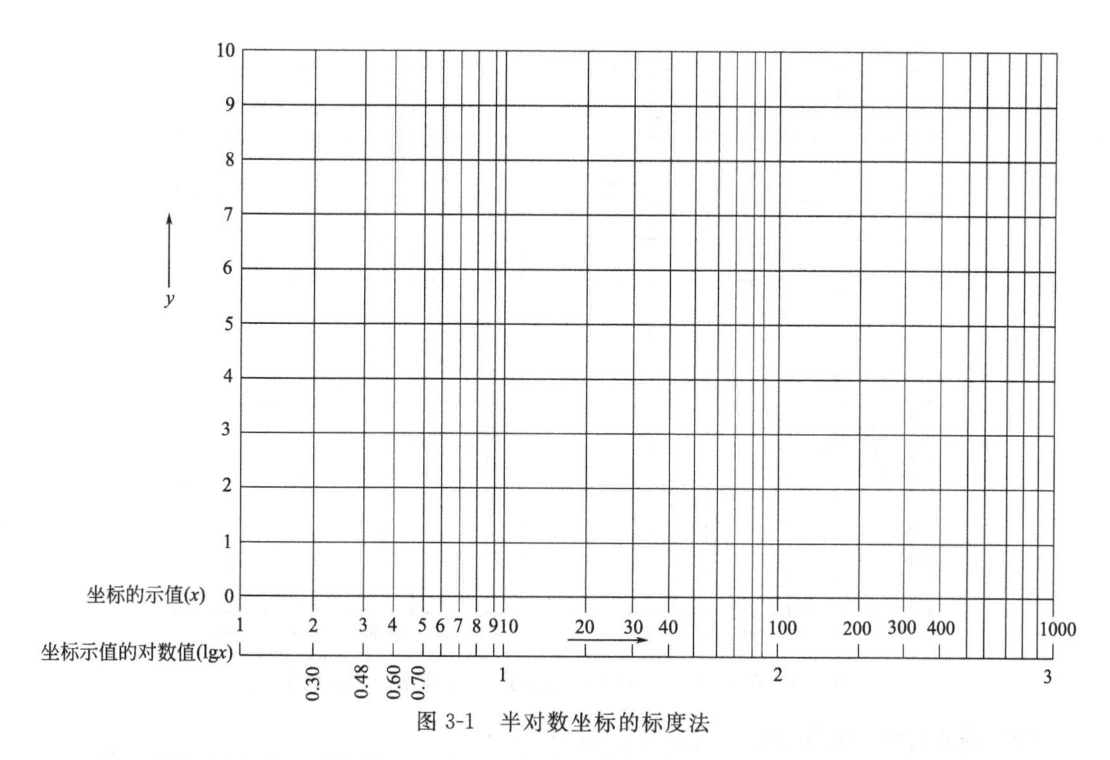

图 3-1　半对数坐标的标度法

(2) 对数坐标系　两个轴（x 和 y）都是对数标度的坐标轴，即每个轴的标度都是按上面所述的原则做成的。

2. 选用坐标纸的基本原则

在下列情况下，建议用半对数坐标纸。

(1) 变量之一在所研究的范围内发生了几个数量级的变化。

(2) 在自变量由零开始逐渐增大的初始阶段，当自变量的少许变化引起因变量极大变化时，此时采用半对数坐标纸，曲线最大变化范围可伸长，使图形轮廓清楚。

(3) 需要将某种函数变换为直线函数关系，如指数 $y=ae^{bx}$ 函数。

在下列情况下应用对数坐标纸。

(1) 如果所研究的函数 y 和自变量 x 在数值上均变化了几个数量级。例如，已知 x 和 y 的数据为

x=10,20,40,60,80,100,1000,2000,3000,4000

y=2,14,40,60,80,100,177,181,188,200

在直角坐标纸上作图几乎不可能描出在 x 的数值等于 10、20、40、60、80 时，曲线开始部分的点，(见图 3-2)，但是若采用对数坐标纸则可以得到比较清楚的曲线（见图 3-3）。

在直角坐标纸上作图几乎不可能描出在 x 的数值等于 10、20、40、60、80 时曲线开始部分的点，(见图 3-2)，但是若采用对数坐标纸则可以得到比较清楚的曲线（见图3-3）。

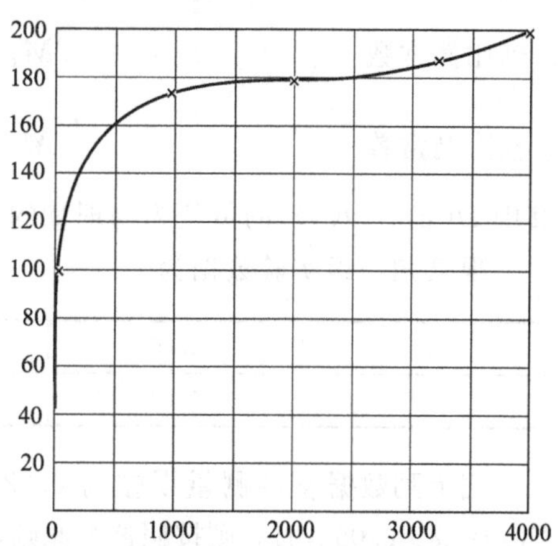

图 3-2　当 x 和 y 的数值按数量级变化时在直角坐标纸上所作的图形

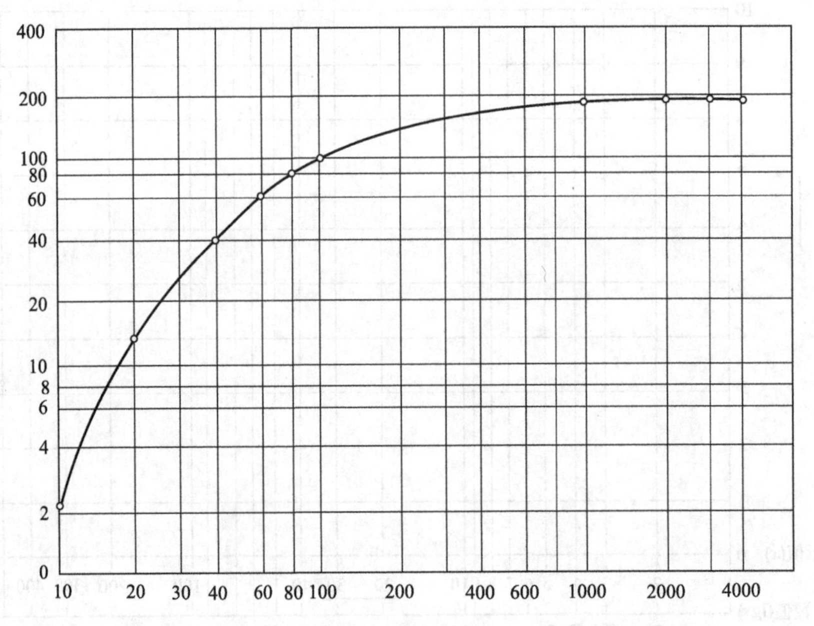

图 3-3　在双对数坐标纸上描绘的图 3-2 所示的实验数据

(2) 需要将曲线开始部分划分成展开的形式。

(3) 当需要变换某种非线性关系为线性关系时，例如，抛物线 $y=ax^b$ 函数。

二、坐标分度的确定

坐标分度是指每条坐标轴所能代表的物理量的大小，即指坐标轴的比例尺。如果选择不当，那么根据同组实验数据作出的图形就会失真而导致错误的结论。

下面介绍的是坐标分度正确的确定方法。

(1) 在已知 x 和 y 的测量误差分别为 $D(x)$ 和 $D(y)$ 的条件下，比例尺的取法通常使 $2D(x)$ 和 $2D(y)$ 构成的矩形近似为正方形，并使 $2D(x)=2D(y)=2\text{mm}$。根据该原则即可求得坐标比例常数 M。

x 轴比例常数　　$M_x=\dfrac{2}{2D(x)}=\dfrac{1}{D(x)}$

y 轴比例常数　　$M_y=\dfrac{2}{2D(y)}=\dfrac{1}{D(y)}$

其中 $D(x)$，$D(y)$ 的单位为物理量的单位。

现已知一组实验数据为

x	1.00	2.00	3.00	4.00
y	8.00	8.20	8.30	8.00

当上列数据 y 的测量误差为 0.02[$y\pm D(y)=y\pm0.02$]，x 的测量误差为 0.05[$x\pm D(x)=x\pm0.05$]，时，则按照这个原则，应当在如下的比例尺中描绘该组实验数据，即 x 轴单位：$1/D(x)=1/0.05=20\text{mm}$，$Y$ 轴单位：$1/D(y)=1/0.02=50\text{mm}$。于是，在这个比例尺中的实验“点”的底边长度将等于 $2D(x)=2\times0.05\times20=2\text{mm}$，高度 $2D(y)=2\times0.02\times50=$

2mm。图 3-4 所示即为按照这种坐标比例尺所描绘出的曲线图形。

(2) 若测量数据的误差为未知，那么坐标轴的分度应与实验数据的有效数字位数相匹配，即实验曲线的坐标读数的有效数字位数与实验数据的位数相同。

在一般情况下，坐标轴比例尺的确定，既要不会因比例常数过大而损失实验数据的准确度，又不会因比例常数过小而造成图中数据点分布异常的假象。为此

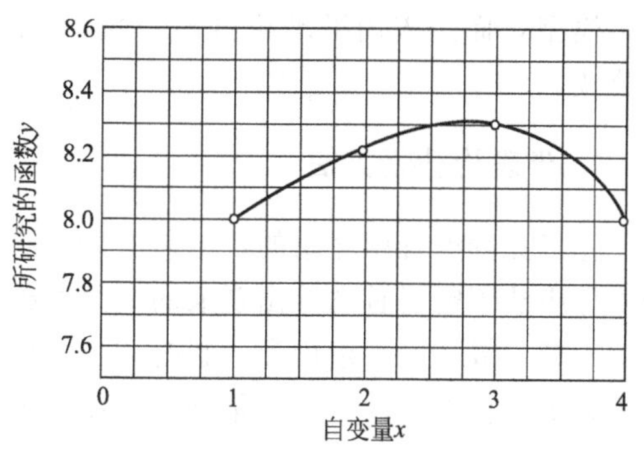

图 3-4　正确比例尺的曲线

① 推荐让坐标轴的比例常数 $M=(1、2、5)\times10^{\pm n}$（$n$ 为正整数），而 3、6、7、8 等的比例常数绝不可用，后者的比例常数不但引起图形的绘制麻烦，也极易引出错误。

② 若根据数据 x 和 y 的绝对误差 $D(x)$ 和 $D(y)$ 求出的坐标比例常数 M 不正好等于 M 的推荐值，可选用稍小的推荐值，将图适当地画大一些，以保证数据的准确度不因作图而损失。

三、其它必须注意的事项

(1) 图线光滑。利用曲线板等工具将各离散点连接成光滑曲线，并使曲线尽可能通过较多的实验点，或者使曲线以外的点尽可能位于曲线附近，并使曲线两侧的点数大致相等。另外，用计算机软件处理数据更为准确便捷（请参考第六章），可省去手工绘图的麻烦。

(2) 定量绘制的坐标图，其坐标轴上必须标明该坐标所代表的变量名称、符号及所用的单位。如离心泵特性曲线的横轴就必须标上流量 $V/(m^3/h)$。

(3) 图必须有图号和图题（图名），以便于排版和引用。必要时还应有图注。

(4) 不同线上的数据点可用○、△等不同符号表示，且必须在图上明显地标出。

第三节

经验公式的选择

在实验研究中，除了用表格和图形描述变量的关系外，还常常把实验数据整理成为方程式，以描述过程或现象的自变量和因变量之关系，即建立过程的数学模型。在已广泛应用计算机的时代，这样做尤为必要。

一、经验公式的选择

鉴于化学和化工是以实验研究为主的科学领域，很难由纯数学物理方法推导出确定的

数学模型，而是采用半理论分析方法、纯经验方法和由实验曲线的形状确定相应的经验公式。

1. 半理论分析方法

化工原理课程中介绍的，由因次分析法推求出准数关系式，是最常见的一种方法。用因次分析法不需要首先导出现象的微分方程。但是，如果已经有了微分方程暂时还难于得出解析解，或者又不想用数值解时，也可以从中导出准数关系式，然后由实验来最后确定其系数值。例如，动量、热量和质量传递过程的准数关系式分别为

$$Eu=A\left(\frac{l}{d}\right)aRe^{b} \qquad Nu=BR_{e}^{c}Pr^{d} \qquad sh=CR_{e}^{e}Sc^{f}$$

其中各式中的常数（例如 A，a，b，Λ）可由实验数据通过计算求出。

2. 纯经验方法

根据各专业人员长期积累的经验，有时也可决定整理数据时应采用什么样的数学模型。比如，在不少化学反应中常有 $y=ae^{bt}$ 或者 $y=ae^{bt+ct^2}$ 形式。对溶解热或热容和温度的关系又常常可用多项式 $y=b_0+b_1x+b_2x^2+\Lambda+b_mx^m$ 来表达。又如在生物实验中培养细菌，假设原来细菌的数量为 a，繁殖率为 b，则每一时刻的总量 y 与时间 t 的关系也呈指数关系，即 $y=ae^{bt}$ 等。

3. 由实验曲线求经验公式

如果在整理实验数据时，对选择模型既无理论指导，又无经验可以借鉴，此时将实验数据先标绘在普通坐标纸上，得一直线或曲线。

如果是直线，则根据初等数学可知：$y=a+bx$，其中 a、b 值可由直线的截距和斜率求得。

如果不是直线，也就是说，y 和 x 不是线性关系，则可将实验曲线和典型的函数曲线相对照，选择与实验曲线相似的典型曲线函数，然后用直线化方法，对所选函数与实验数据的符合程度加以检验。

直线化方法就是将函数 $y=f(x)$ 转化成线性函数 $Y=A+BX$，其中 $X=\Phi(x, y)$，$Y=\Psi(x, y)$，（Φ，Ψ 为已知函数）。由已知的 x_i 和 y_i，按 $Y_i=\Psi(x_i, y_i)$，$X_i=\Phi(x_i, y_i)$ 求得 Y_i 和 X_i，然后将（Y_i，X_i）在普通直角坐标上标绘，如得一直线，即可定系数 A 和 B，并求得 $y=f(x)$ 的函数关系式。

如 $Y_i=f'(X_i)$ 偏离直线，则应重新选定 $Y=\Psi'(x_i, y_i)$，$X=\Phi'(x_i, y_i)$，直至 Y-X 为直线关系为止。

例 3-1 实验数据 x_i，y_i 如下表，求经验式 $y=f(x)$。

x_i	1	2	3	4	5
y_i	0.5	2	3.5	8	12.5

注：此处仅介绍方法，故给出的例子中的实验数据省略了“单位”，下同。

解： 将 y_i，x_i 标绘在直角坐标纸上得图 3-5(a)。

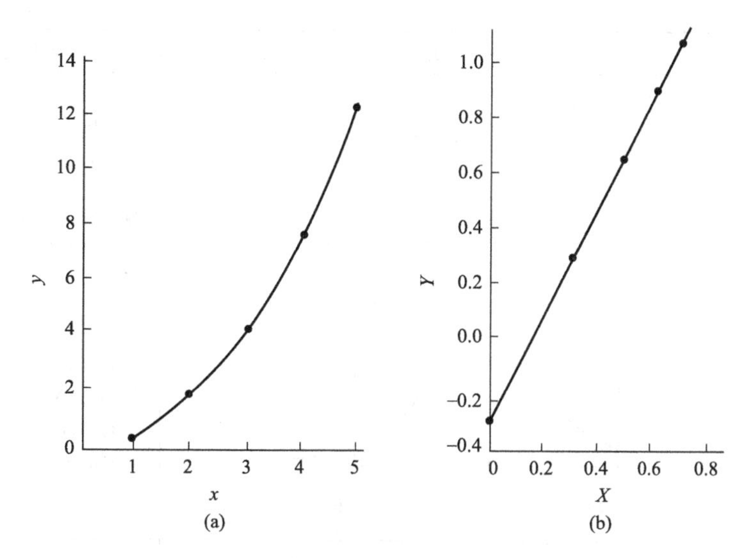

图 3-5　实验数据变换前后的图形

由 y-x 曲线可见其形状类似幂函数曲线，则令 $Y_i=\lg y_i$，$X_i=\lg x_i$，经计算得

X_i	0.000	0.301	0.477	0.602	0.699
Y_i	−0.301	0.301	0.653	0.903	1.097

将 Y_i，X_i 仍标绘于普通直角坐标纸上，得一直线，如图 3-5(b) 所示。

由图上读得截距 $A=-0.301$

由直线的点读数求斜率，得

斜率
$$B=\frac{1.097-(-0.301)}{0.699-0}=2$$

则得
$$\lg y=-0.301+2\times\lg x$$

即幂函数方程式
$$y=0.5x^2$$

二、常见函数的典型图形及线性化方法

常见函数的典型图形及线性化方法列于表 3-3 中。

表 3-3　化工中常见的曲线与函数式之间的关系

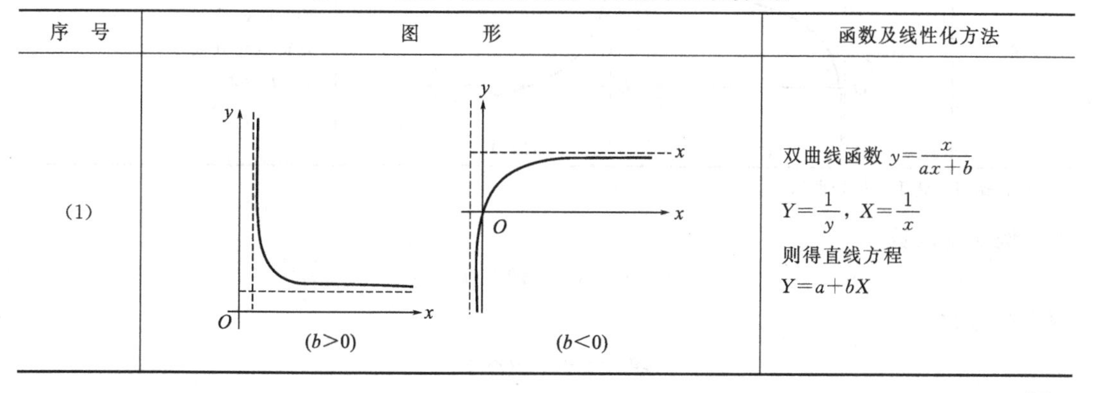

序　号	图　　形	函数及线性化方法
(1)	(b>0)　(b<0)	双曲线函数 $y=\frac{x}{ax+b}$ $Y=\frac{1}{y}$，$X=\frac{1}{x}$ 则得直线方程 $Y=a+bX$

续表

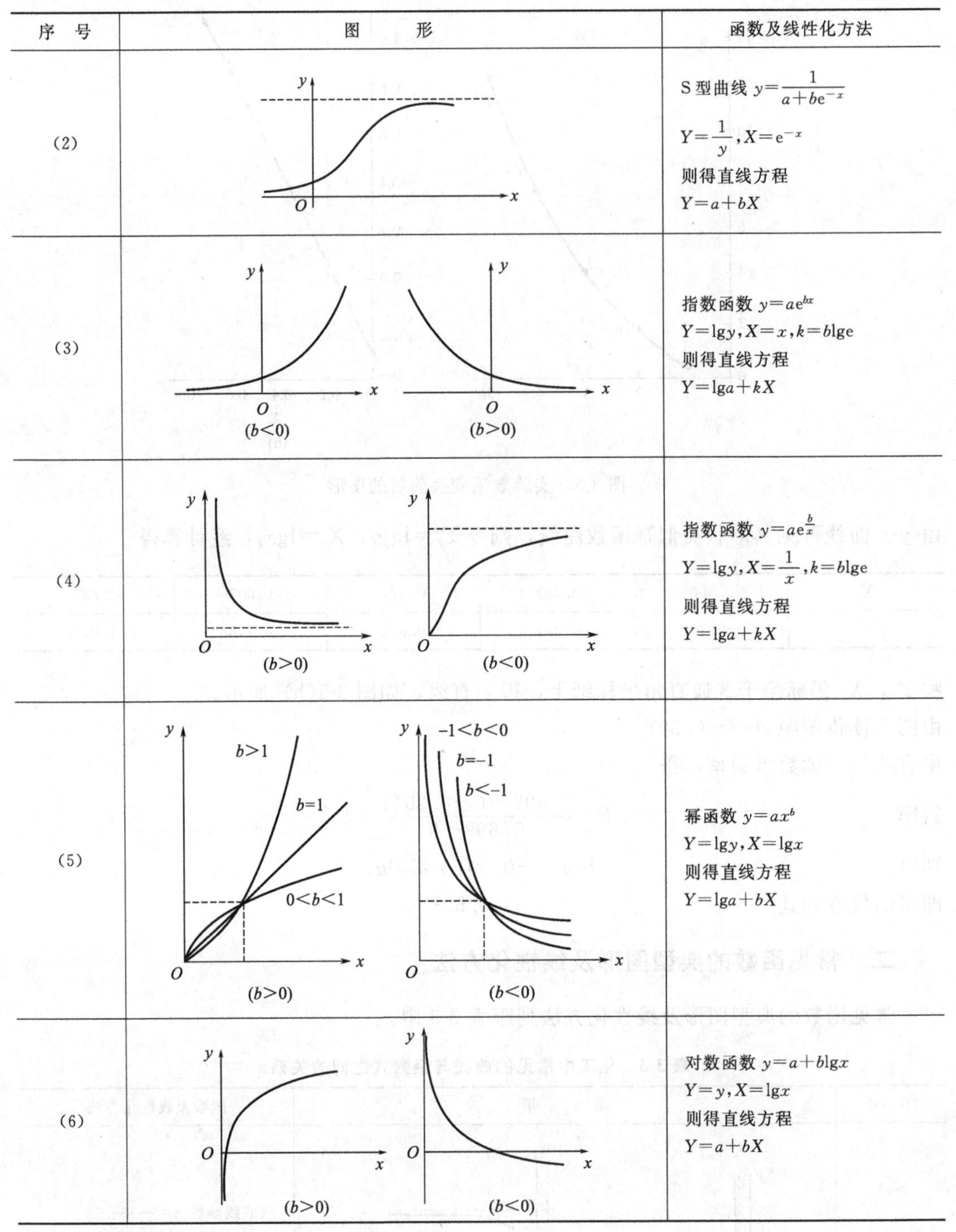

序号	图形	函数及线性化方法
(2)		S型曲线 $y=\frac{1}{a+be^{-x}}$ $Y=\frac{1}{y}, X=e^{-x}$ 则得直线方程 $Y=a+bX$
(3)	(b<0) (b>0)	指数函数 $y=ae^{bx}$ $Y=\lg y, X=x, k=b\lg e$ 则得直线方程 $Y=\lg a+kX$
(4)	(b>0) (b<0)	指数函数 $y=ae^{\frac{b}{x}}$ $Y=\lg y, X=\frac{1}{x}, k=b\lg e$ 则得直线方程 $Y=\lg a+kX$
(5)	(b>0) (b<0)	幂函数 $y=ax^{b}$ $Y=\lg y, X=\lg x$ 则得直线方程 $Y=\lg a+bX$
(6)	(b>0) (b<0)	对数函数 $y=a+b\lg x$ $Y=y, X=\lg x$ 则得直线方程 $Y=a+bX$

注：摘自《化工数据处理》。

例如幂函数

$$y=ax^{b}$$

两边取对数

$$\lg y=\lg a+b\times\lg x$$

令

$$X=\lg x \qquad Y=\lg y$$

则得直线化方程

$$Y=\lg a+bX$$

在普通直角坐标系中标绘 Y-X 关系，或者在对数坐标系中标绘 y-x 关系，便可获得直线。幂函数 $y=ax^b$ 在普通直角坐标中的图形以及式中 b 值改变时所得各种类型的曲线见表 3-3(5)。

第四节

图解法求经验公式中的常数

当经验公式选定后，接下来就要按照实验数据决定式中的常数。本节介绍如何用图解法求方程式中的常数。

一、幂函数的线性图解

当研究的变量间呈幂函数 $y=ax^b$ 关系时，将实验数据（x_i，y_i）标绘在对数坐标纸上，其图形是一直线（见图 3-6）。

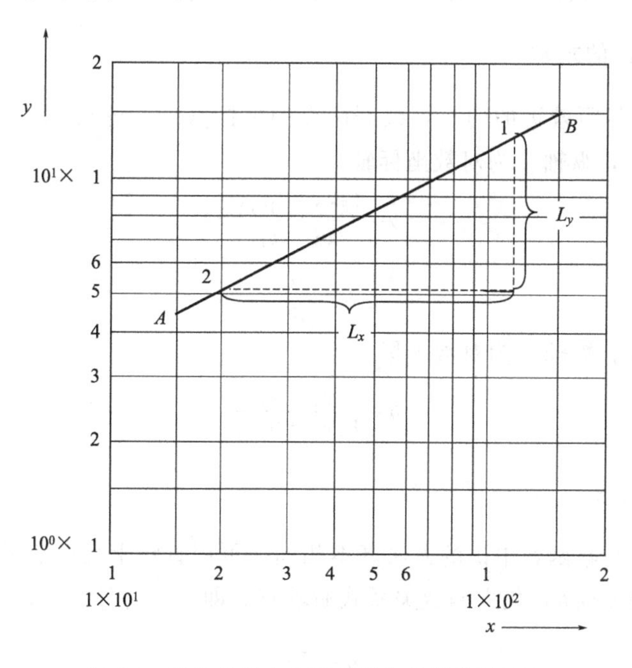

图 3-6 对数坐标上直线斜率和截距的图解法

1. 系数 b 的确定方法

(1) 先读数后计算　在标绘所得的直线上，取相距较远的两点，读取两对 (x，y) 值，然后按式(3-1) 计算直线斜率 b

$$b=\frac{\log y_2-\log y_1}{\log x_2-\log x_1} \tag{3-1}$$

应当特别提醒的是，由于对数坐标的示值是 x 而不是 X，故在求取直线斜率时，务必用式(3-1) 计算。

(2) 先测量后计算　当两坐标轴比例尺相同情况下，可用直尺量出直线上 1、2 两点之间的水平及垂直距离，按式(3-2) 计算，如图 3-6 所示。

$$b=\frac{1\text{和}2\text{两点间垂直距离的实测值}L_y}{1\text{和}2\text{两点间水平距离的实测值}L_x} \tag{3-2}$$

2. 系数　的确定方法

在对数坐标系中坐标原点为 $x=1$，$y=1$。在 $y=ax^b$ 中，当 $x=1$ 时 $y=a$，因此系数 a 的值可由直线与过坐标原点的 y 轴交点的纵坐标来定出。如果 x 和 y 的值与 1 相差甚远，图中找不到坐标原点，则可用下面方法，即由直线上任一已知点 1 的坐标 (x_1，y_1) 和已求出的斜率 b，按式 $a=y_1/x_1^b$ 计算 a 值。

二、指数或对数函数的线性图解

当所研究的函数关系呈指数函数 ($y=ae^{kx}$) 或对数函数 ($y=a+b\lg x$) 关系时，将实验数据 (x_i，y_i) 标绘在半对数坐标纸上的图形是一直线。

1. 系数 k 或 b 的求法

在直线上任取相距较远的两点，根据两点的坐标 (x_1，y_1)、(x_2，y_2) 来求直线的斜率 b。对 $y=ae^{kx}$，纵轴 y 为对数坐标轴

$$b=\frac{\lg y_2-\lg y_1}{x_2-x_1} \tag{3-3}$$

$$k=\frac{b}{\lg e} \tag{3-4}$$

对 $y=a+b\lg x$，横轴 x 为对数坐标

$$b=\frac{y_2-y_1}{\lg x_2-\lg x_1} \tag{3-5}$$

2. 系数　的求法

系数 a 的求法与幂函数中讲的方法基本相同，可用直线上任一点处的坐标 (x_1，y_1) 和已经求出的系数 k 或 b，代入函数关系式后求解。即

由 $y_1=ae^{kx_1}$ 可得　$$a=\frac{y_1}{e^{kx_1}}$$

由 $y_1=a+b\lg x_1$ 可得　　　　$a=y_1-b\lg x_1$

第五节 实验数据的回归分析法

在本章第四节中介绍了用图示法获得经验公式的过程，尽管图示法有很多优点，但它的应用范围毕竟很有限，所以本节将介绍目前在寻求实验数据的变量关系间的数学模型时，应用最广泛的一种数学方法，即回归分析法。回归分析法与电子计算机相结合，已成为确定经验公式最有效的手段之一。

一、变量类型

人们在实践中发现，各种变量相互联系相互依存，变量之间的关系分为两类，即

(1) 函数关系　属于确定性关系。如 $s=vt$ 中，s 表示路程，v 表示速度，t 表示时间。若知两个变量，则另一个变量的唯一值可由函数关系式求出。

(2) 相关关系　与其中之一变量的每一个值对应的另一个变量的值不是一个或几个确定值，而是一个集合值，此时，变量 x、y 之间的关系称为相关关系。这是由于在许多实际问题中，或者由于随机性因素的影响，变量之间的关系比较复杂，或者由于各变量的测量值不可避免地存在着测量误差，致使变量之间的关系具有不确定性。

需要指出的是函数关系和相关关系在概念上是截然不同的，但它们之间并无严格界线。如上所述，相关变量之间虽无确定关系，从统计意义上讲，它们之间又存在着某种确定的函数关系。理论上有一定函数关系的变量，在多次测试中由于误差的存在也含不确定性了。因此两者之间存在转化问题。

二、回归分析法的含义和内容

1. 回归方程

回归分析是处理变量之间相互关系的一种数理统计方法。用这种数学方法可以从大量观测的散点数据中寻找到能反映事物内部的一些统计规律，并可以按数学模型形式表达出来，故称它为回归方程（回归模型）。

2. 线性和非线性回归（拟合）

回归也称拟合。对具有相关关系的两个变量，若用一条直线描述，则称一元线性回归；若用一条曲线描述，则称一元非线性回归。对具有相关关系的 3 个变量，其中 1 个因变量、两个自变量，若用平面描述，则称二元线性回归；若用曲面描述，则称二元非线性

回归。依次类推，可以延伸到 n 维空间进行回归，则称多元线性或非线性回归。处理实际问题时，往往将非线性问题转化为线性来处理。建立线性回归方程的最有效方法为线性最小二乘法，以下主要讨论依最小二乘法拟合实验数据。

3. 回归分析法所包括的内容

回归分析法所包括的内容或可以解决的问题，概括起来有 4 个方面。

（1）根据一组实测数据，按最小二乘原理建立正规方程，解正规方程得到变量之间的数学关系式，即回归方程式。

（2）判明所得到的回归方程式的有效性。回归方程式是通过数理统计方法得到的，是一种近似结果，必须对它的有效性作出定量检验。

（3）根据一个或几个变量的取值，预测或控制另一个变量的取值，并确定其准确度（精度）。

（4）进行因素分析。对于一个因变量受多个自变量（因素）的影响，则可以分清各自变量的主次，和分析各个自变量（因素）之间的互相关系。

下面先讨论线性回归，进而介绍非线性回归。

三、线性回归分析法

1. 一元线性回归

（1）回归直线的求法

在取得两个变量的实验数据之后，若在普通直角坐标纸上标出各个数据点，如果各点的分布近似于一条直线，则可考虑采用线性回归法求其表达式。

设给定 n 个实验点 (x_1, y_1)，(x_2, y_2)，Λ，(x_n, y_n)，其离散点图如图 3-7 所示。于是可以利用一条直线来代表它们之间的关系

$$\hat{y}=a+bx \tag{3-6}$$

式中　$\hat{y}$——由回归式算出的值，称回归值；

a，b——回归系数。

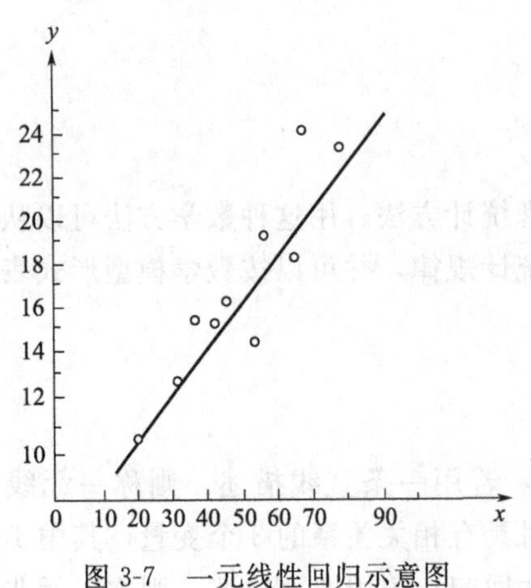

图 3-7　一元线性回归示意图

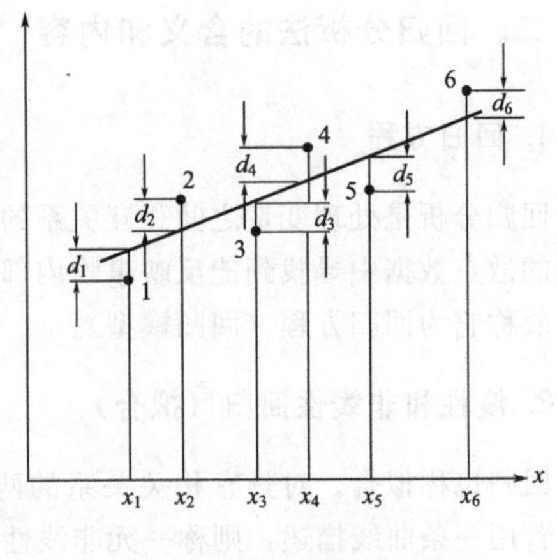

图 3-8　实验曲线示意图

对每一测量值 x_i 均可由式(3-6) 求出一回归值 $\hat{y}_i$。回归值 $\hat{y}_i$ 与实测值 y_i 之差的绝对值 $d_i=|y_i-\hat{y}_i|=|y_i-(a+bx_i)|$ 表明 y_i 与回归直线的偏离程度。两者偏离程度愈小，说明直线与实验数据点拟合愈好。$|y_i-\hat{y}_i|$ 值代表点 (x_i, y_i) 沿平行于 y 轴方向到回归直线的距离，如图 3-8 上各竖直线 d_i 所示。

设
$$Q=\sum_{i=1}^{n} d_i^2=\sum_{i=1}^{n}[y_i-(a+bx_i)]^2 \tag{3-7}$$

其中 y_i，x_i 是已知值，故 Q 为 a 和 b 的函数，为使 Q 值达到最小，根据数学上极值原理，

只要将式(3-7) 分别对 a、b 求偏导数 $\frac{\partial Q}{\partial a}$、$\frac{\partial Q}{\partial b}$，并令其等于零即可求 a、b 之值，这就是最小二乘法原理。即

$$\begin{cases} \dfrac{\partial Q}{\partial a}=-2\sum\limits_{i=1}^{n}(y_i-a-bx_i)=0 \\ \dfrac{\partial Q}{\partial b}=-2\sum\limits_{i=1}^{n}(y_i-a-bx_i)x_i=0 \end{cases} \tag{3-8}$$

由式(3-8) 可得正规方程

$$\begin{cases} a+\overline{x}b=\overline{y} \\ n\overline{x}a+\left(\sum\limits_{i=1}^{n}x_i^2\right)b=\sum\limits_{i=1}^{n}x_iy_i \end{cases} \tag{3-9}$$

其中
$$\overline{x}=\frac{1}{n}\sum_{i=1}^{n}x_i \quad \overline{y}=\frac{1}{n}\sum_{i=1}^{n}y_i \tag{3-10}$$

解正规方程式(3-9)，可得到回归式中的 a 和 b

$$b=\frac{\sum x_iy_i-n\overline{x}\,\overline{y}}{\sum x_i^2-n(\overline{x})^2} \tag{3-11}$$

$$a=\overline{y}-b\overline{x} \tag{3-12}$$

可见，回归直线正好通过离散点的平均值 $(\overline{x}, \overline{y})$，为计算方便，令

$$l_{xx}=\sum(x_i-\overline{x})^2=\sum x_i^2-n\overline{x}^2=\sum x_i^2-\left(\sum x_i\right)^2/n \tag{3-13}$$

$$l_{yy}=\sum(y_i-\overline{y})^2=\sum y_i^2-n\overline{y}^2=\sum y_i^2-\left(\sum y_i\right)^2/n \tag{3-14}$$

$$l_{xy}=\sum(x_i-\overline{x})(y_i-\overline{y})=\sum x_iy_i-n\overline{x}\,\overline{y}=\sum x_iy_i-\left[\left(\sum x_i\right)\left(\sum y_i\right)\right]/n \tag{3-15}$$

可得

$$b=\frac{l_{xy}}{l_{xx}} \tag{3-16}$$

以上各式中的 l_{xx}、l_{yy} 称为 x、y 的离差平方和，l_{xy} 为 x、y 的离差乘积和，若改换 x、y 各自的单位，回归系数值会有所不同。

(2) 回归效果的检验

在以上求回归方程的计算过程中，并不需要事先假定两个变量之间一定有某种相关关系，因此，必须对回归效果进行检验。

① 离差、回归和剩余平方和及其自由度　先介绍平方和、自由度及方差概念，以便于对回归效果检验的理解。

a. 离差、回归和剩余平方和　实验值 y_i 与平均值 $\overline{y}$ 的差（$y_i-\overline{y}$）称为离差，n 次实验值 y_i 的离差平方和 $l_{yy}=\sum(y_i-\overline{y})^2$ 越大，说明 y_i 的数值变动越大。

所以
$$l_{yy}=\sum(y_i-\hat{y}_i)^2+\sum(\hat{y}_i-\overline{y})^2 \tag{3-17}$$

由前可知
$$Q=\sum(y_i-\hat{y}_i)^2 \tag{3-18}$$

令
$$U=\sum(\hat{y}_i-\overline{y})^2 \tag{3-19}$$

则式(3-17) 可写成
$$l_{yy}=Q+U \tag{3-20}$$

式(3-20) 称平方和分解公式，理解它并记住它对于掌握回归分析方法很有帮助。为便于理解，用图形说明之（见图 3-9）。

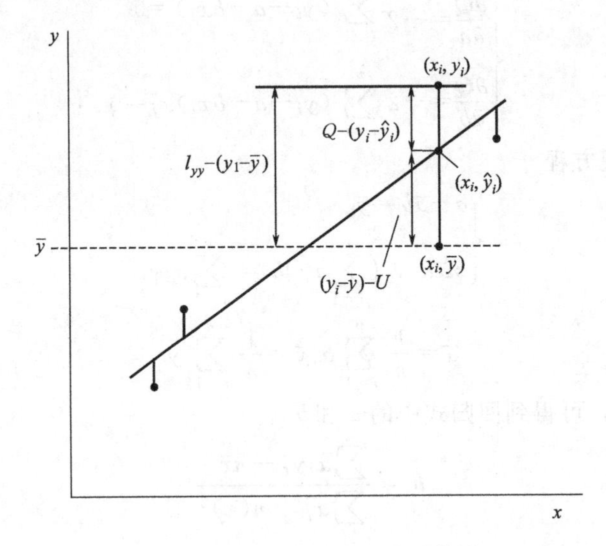

图 3-9　l_{yy}、U、Q 含义的示意图

U：$U=\sum(\hat{y}_i-\overline{y})^2$ 它是回归线上 $\hat{y}_1$，$\hat{y}_2$，Λ，$\hat{y}_n$ 的值与平均值 $\overline{y}$ 之差的平方和，称为回归平方和。

$$\begin{aligned}U&=\sum(\hat{y}_i-\overline{y})^2=\sum(a+bx_i-\overline{y})^2=\sum[b(x_i-\overline{x})]^2\\&=b^2\sum(x_i-\overline{x})^2=b^2l_{xx}=bl_{xy}\end{aligned} \tag{3-21}$$

Q：
$$Q=\sum(y_i-\hat{y}_i)^2=\sum[y_i-(a+bx_i)]^2 \tag{3-22}$$

式(3-22) 代表实验值 y_i 与回归直线上纵坐标 $\hat{y}_i$ 值之差的平方和。它包括了 x 对 y 线性关系影响以外的其它一切因素对 y 值变化的作用。所以常称为剩余平方和或残差平方和。

在总的离差平方和 l_{yy} 中，U 所占的比重越大，Q 的比重越小，则回归效果越好，误差越小。

b. 各平方和的自由度 f　所谓自由度（f），简单地说，是指计算偏差平方和时，涉及独立平方和的数据个数。每一个平方和都有一个自由度与其对应，若是变量对平均值的偏差平方和，其自由度 f 是数据的个数（n）减 1(例如离差平方和)。如果一个平方和是由几部分的平方和组成，则总自由度 $f_{总}$ 等于各部分平方和的自由度之和。因为总离差平方和在数值上可以分解为回归平方和 U 和剩余平方和 Q 两部分，故

$$f_{总}=f_U+f_Q \tag{3-23}$$

式中　$f_{总}$——总离差平方和 l_{yy} 的自由度，$f_{总}=n-1$，n 等于总的实验点数；

f_U——回归平方和的自由度，f_U 等于自变量的个数 m；

f_Q——剩余平方和的自由度，$f_Q=f_{总}-f_U=(n-1)-m$。

对于一元线性回归，$f_{总}=n-1$，$f_U=1$，$f_Q=n-2$。

c. 方差　平方和除以对应的自由度后所得值称为方差或均差。

回归方差
$$V_u=\frac{U}{f_U}=\frac{U}{m} \tag{3-24}$$

剩余方差
$$V_Q=\frac{Q}{f_Q} \tag{3-25}$$

剩余标准差
$$s=\sqrt{V_Q}=\sqrt{\frac{Q}{f_Q}} \tag{3-26}$$

s 愈小，回归方程对实验点的拟合程度愈高，亦即回归方程的精度愈高。

② 实验数据的相关性

a. 相关系数 r　相关系数 r 是说明两个变量线性关系密切程度的一个数量性指标。其定义为

$$r=\frac{l_{xy}}{\sqrt{l_{xx}l_{yy}}} \tag{3-27}$$

$$r^2=\frac{l_{xy}^2}{l_{xx}l_{yy}}=\left(\frac{l_{xy}}{l_{xx}}\right)^2\frac{l_{xx}}{l_{yy}}=\frac{b^2l_{xx}}{l_{yy}}=\frac{U}{l_{yy}}=1-\frac{Q}{l_{yy}} \tag{3-28}$$

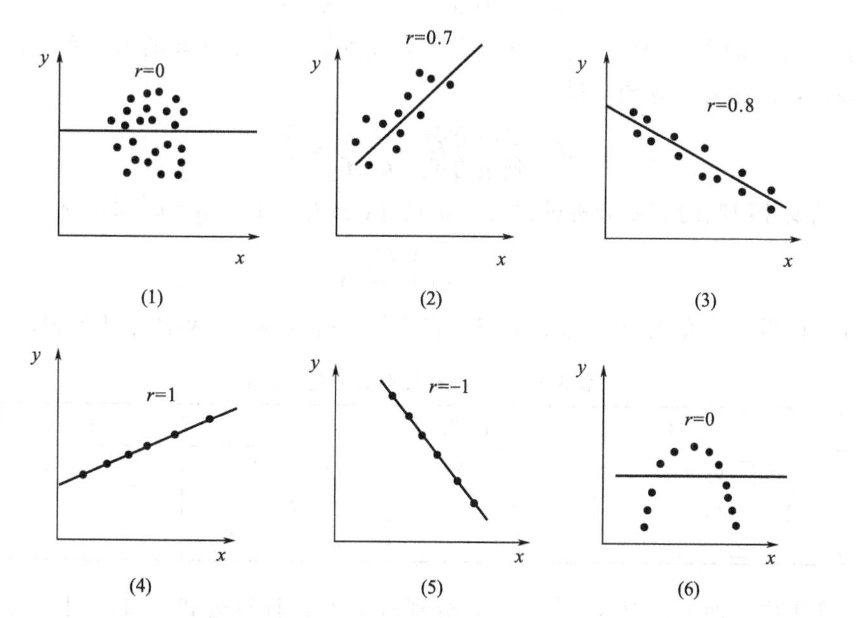

图 3-10　相关系数的几何意义

由式(3-28)可看出，r^2 正好代表了回归平方和 U 与离差平方和 l_{yy} 的比值。

r 的几何意义可用图 3-10 说明。

$|r|=0$　此时 $l_{xy}=0$，回归直线的斜率 $b=0$，$U=0$，$Q=l_{yy}$，$\hat{y}_i$ 不随 x_i 而变化。此时离散点的分布情况有两种情况，或是完全不规则，x、y 间完全没有关系，如图 3-10(1) 所示；或是 x、y 间有某种特殊的非线性关系，如图 3-10(6) 所示。

$0<|r|<1$　代表绝大多数情况，此时 x 与 y 存在一定线性关系。若 $l_{xy}>0$，则 $b>0$，且 $r>0$，离散点图的分布特点是 y 随 x 增大而增大，如图 3-10(2) 所示，称为 x 与 y 正相关。若 $l_{xy}<0$，则 $b<0$，且 $r<0$，y 随 x 增大而减小，如图 3-10(3) 所示，称 x 与 y 负相关。r 的绝对值愈小，(U/l_{yy}) 愈小，离散点距回归线愈远，愈分散；r 的绝对值愈接近于 1，离散点就愈靠近回归直线。

$|r|=1$　此时，$Q=0$，$U=l_{yy}$，即所有的点都落在回归直线上，此时称 x 与 y 完全线性相关。当 $r=1$ 时，称完全正相关；$r=-1$ 时，称完全负相关。如图 3-10(4)、(5) 所示。

b. 显著性检验　如上所述，相关系数 r 的绝对值愈接近于 1，x、y 间愈线性相关，但究竟 $|r|$ 与 1 接近到什么程度才能说明 x 与 y 之间存在线性相关关系呢？这就有必要对相关系数进行显著性检验。只有当 $|r|$ 达到一定程度才可用回归直线来近似地表示 x、y 之间的关系，此时，可以说线性相关显著。一般来说，相关系数 r 达到使线性相关显著的值与实验数据点的个数 n 有关，因此，只有 $|r|>r_{\min}$ 时，才能采用线性回归方程来描述其变量之间的关系。$r_{\min}$ 值可查相关系数检表。利用该表可根据实验数据点个数 n 及显著水平 α 查出相应的 $r_{\min}$。一般可取显著性水平 $\alpha=1\%$ 或 5%。如 $n=17$，则 $n-2=15$，查相关系数检验表，得

$$\alpha=0.05 \text{ 时}，r_{\min}=0.482$$

$$\alpha=0.01 \text{ 时}，r_{\min}=0.606$$

③ 回归方程的方差分析　方差分析是检验线性回归效果好坏的另一种方法。通常采用 F 检验法，因此要计算统计量

$$F=\frac{\text{回归方差}}{\text{剩余方差}}=\frac{U/f_U}{Q/f_Q}=\frac{V_u}{V_Q} \tag{3-29}$$

对一元线性回归的方差分析过程见表 3-4。由于 $f_U=1$，$f_Q=n-2$，则

$$F=\frac{U/1}{Q/(n-2)} \tag{3-30}$$

然后将计算所得的 F 值与 F 分布数值表（查相关表格得到）所列的值相比较。

表 3-4　一元线性回归的方差分析表

名称	平方和	自由度	方差	方差比	显著性
回归	$U=\sum(\hat{y}_i-\overline{y})^2$	$f_U=m=1$	$V_u=U/f_U$	$F=V_u/V_Q$	
剩余	$Q=\sum(y_i-\hat{y}_i)^2$	$f_Q=n-2$	$V_Q=Q/(n-2)$		
总计	$l_{yy}=\sum(y_i-\overline{y})^2$	$f_{总}=n-1$			

F 分布表中有两个自由度 f_1 和 f_2，分别对应于 F 计算公式(3-29) 中分子的自由度 f_U 与分母的自由度 f_Q。对于一元回归中，$f_1=f_U=1$，$f_2=f_Q=n-2$。有时将分子自由

度称为第一自由度，分母自由度称为第二自由度。

F 分布表中显著性水平 α 有 0.25、0.10、0.05、0.01 4 种，一般宜先查找 $\alpha=0.01$ 时的最小值 $F_{0.01}(f_1, f_2)$，与由式(3-30) 计算而得的方差比 F 进行比较，若 $F \geqslant F_{0.01}(f_1, f_2)$，则可认为回归高度显著（称在 0.01 水平上显著），于是可结束显著性检验；否则再查较大 α 值相应的 F 最小值，如 $F_{0.05}(f_1, f_2)$，与实验的方差比 F 相比较，若 $F_{0.01}(f_1, f_2) > F \geqslant F_{0.05}(f_1, f_2)$，则可认为回归在 0.05 水平上显著，于是显著性检验可告结束。依次类推。若 $F < F_{0.25}(f_1, f_2)$，则可认为回归在 0.25 的水平上仍不显著，亦即 y 与 x 的自变量的线性关系很不密切。

对于任何一元线形回归问题，如果进行了方差分析中的 F 检验后，就无须再做相关系数的显著性检验，因为两种检验是完全等价的，实质上说明同样的问题。F 值和 r 的关系式如式(3-31)。

$$F=(n-2)\frac{U}{Q}=(n-2)\frac{U/l_{yy}}{Q/l_{yy}}=(n-2)\frac{r^2}{1-r^2} \tag{3-31}$$

根据式(3-31)，可由 F 值解出对应的相关系数 r 值，或由 r 值求出相应的 F 值。

(3) 根据回归方程预报 y 值的准确度

一元线性回归中的剩余标准差［见式(3-26)］

$$s=\sqrt{\frac{Q}{n-2}}=\sqrt{\frac{\sum(y_i-\hat{y}_i)^2}{n-2}} \tag{3-32}$$

与第二章的标准误差 σ 的数学意义是完全相同的，差别仅在于求 σ 时自由度为 $n-1$，而求 s 时自由度为 $n-2$。即因变量 y 的标准误差 σ 可用剩余标准差 s 来估计

$$s=\sqrt{\frac{Q}{n-2}}=\sqrt{\frac{l_{yy}-bl_{xy}}{n-2}} \tag{3-33}$$

y 值出现的概率与剩余标准差之间存在以下关系，即被预测的 y 值落在 $y_0 \pm 2s$ 区间内的概率约为 95.4%，落在 $y_0 \pm 3s$ 区间内的概率约为 99.7%。由此可见，剩余标准差 s 愈小，则利用回归方程预报的 y 值愈准确，故 s 值的大小是预报准确度的标志。

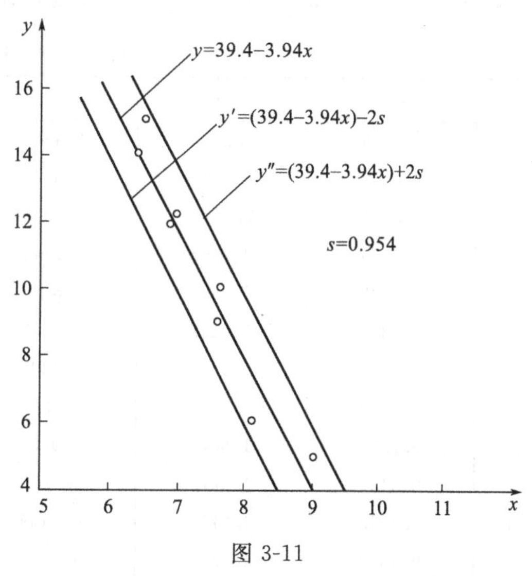

图 3-11

这两条线及回归线画在图 3-11 中，可见绝大多数观测点位于这两条直线之间。

2. 多元线性回归

(1) 多元线性回归的原理和一般求法

在大多数实际问题中，自变量的个数往往不止一个，而因变量是一个，这类问题称为多元回归问题。多元线性回归分析在原理上与一元线性回归分析完全相同，仍用最小二乘法建立正规方程，确定回归方程的常数项和回归系数。

(2) 回归方程的显著性检验

同一元线性回归的方差分析一样，可将其相应计算结果，列入多元线性回归的方差分析表中，同样，可以利用 F 值对回归式进行显著性检验，即通过 F 值对 y 与 x_1、x_2、Λ、x_m 之间的线性关系的显著性进行判断。

四、非线性回归

在许多实际问题中，回归函数往往是较复杂的非线性函数。非线性函数的求解一般可分为可将非线性变换成线性和不能变换成线性两大类。这里主要讨论可以变换为线性方程的非线性问题。

1. 非线性回归的线性化

工程上很多非线性关系可以通过对变量作适当的变换转化为线性问题处理。其一般方法是对自变量与因变量作适当的变换转化为线性的相关关系，即转化为线性方程，然后用线性回归来分析处理。现以二元非线性回归为例来说明这种方法。

例 3-2 流体在圆形直管内作强制湍流时的对流传热关联式

$$Nu=BRe^{m}Pr^{n} \tag{3-34}$$

其中，常数 B、m、n 的值将通过回归求得，由实验所得数据列于表 3-5。

表 3-5 例 3-2 数据表

序号	$Nu\times10^{-2}$	y	$Re\times10^{-4}$	x_1	Pr	x_2
1	1.8016	2.2556	2.4465	4.3885	7.76	0.8899
2	1.6850	2.2266	2.3816	4.3769	7.74	0.8887
3	1.5069	2.1780	2.0519	4.3122	7.70	0.8865
4	1.2769	2.1062	1.7143	4.2341	7.67	0.8848
5	1.0783	2.0327	1.3785	4.1394	7.63	0.8825
6	0.8350	1.9217	1.0352	4.0150	7.62	0.8820
7	0.4027	1.6050	1.4202	4.1523	0.71	−0.1487
8	0.5672	1.7537	2.2224	4.3468	0.71	−0.1487
9	0.7206	1.8577	3.0208	4.4801	0.71	−0.1487
10	0.8457	1.9272	3.7772	4.5772	0.71	−0.1487
11	0.9353	1.9714	4.4459	4.6480	0.71	−0.1487
12	0.9579	1.9813	4.5472	4.6577	0.71	−0.1487

(1) 首先应将式(3-34) 转化为线性方程，将方程两边取对数得

$$\lg Nu=\lg B+m\lg Re+n\lg Pr$$

令

$$y=\lg Nu \quad x_1=\lg Re \quad x_2=\lg Pr$$

$$b_0=\lg B \quad b_1=m \quad b_2=n$$

则式(3-34) 可转化为

$$y=b_0+b_1x_1+b_2x_2 \tag{3-35}$$

转化后方程中的 y、x_1 和 x_2 的值见表 3-5。

(2) 对经变换得到的线性方程式(3-35)，按照本节三、中所讲的线性回归方法处理。

该方程的自变量个数较少，可采用列表法用计算器计算，所得数据见表 3-6 所示；如果自变量的个数比较多，可采用计算机编程计算。

由表 3-6 计算结果可得正规方程中的系数和常数值列于表 3-7。

表 3-6　回归计算值

序号	x_1	x_2	y	x_1^2	x_2^2	y^2	x_1x_2	x_1y	x_2y
1	4.3885	0.8899	2.2556	19.2589	0.7919	5.0877	3.9053	9.8987	2.0073
2	4.3769	0.8887	2.2266	19.1572	0.7898	4.9577	3.8898	9.7456	1.9766
3	4.3122	0.8865	2.1780	18.5951	0.7859	4.7437	3.8228	9.3920	1.9308
4	4.2341	0.8848	2.1062	17.9276	0.7829	4.4361	3.7463	8.9179	1.8636
5	4.1394	0.8825	2.0327	17.1346	0.7788	4.1319	3.6530	8.4142	1.7939
6	4.0150	0.8820	1.9217	16.1200	0.0221	3.6929	3.5412	7.7156	1.6949
7	4.1523	−0.1487	1.6050	17.2416	0.0221	2.5760	−0.6174	6.6644	−0.2387
8	4.3468	−0.1487	1.7537	18.8946	0.0221	3.0755	−0.6464	7.6230	−0.2608
9	4.4801	−0.1487	1.8577	20.0713	0.0221	3.4510	−0.6662	8.3227	−0.2762
10	4.5772	−0.1487	1.9272	20.9507	0.0221	3.7141	−0.6806	8.8212	−0.2866
11	4.6480	−0.1487	1.9714	21.6039	0.0221	3.8848	−0.6912	9.1612	−0.2931
12	4.6577	−0.1487	1.9813	21.6942	0.0221	3.9255	−0.6926	9.2283	0.2946
Σ	52.3282	4.4222	23.8167	228.6497	4.7293	47.6769	18.5638	103.9098	9.6099

表 3-7　正规方程中的系数和常数值

名称	l_{11}	$l_{12}=l_{21}$	l_{22}	l_{1y}	l_{2y}	l_{yy}	$\overline{y}$	$\overline{x}_1$	$\overline{x}_2$
数值	0.4616	−0.7190	3.2104	0.0485	0.8429	0.4073	1.9847	4.3607	0.3685

根据上面的数据可列出正规方程组

$$\begin{cases} 0.4616b_1-0.7190b_2=0.0485 \\ -0.7190b_1+3.2104b_2=0.8429 \end{cases}$$

解此方程得

$$b_1=0.789,\ b_2=0.439$$

。

因为

$$b_0=\overline{y}-b_1\overline{x}_1+b_2\overline{x}_2$$

则有

$$b_0=1.9847-0.789\times4.3607-0.439\times0.3685=-1.618$$

那么线性回归方程为

$$\hat{y}=b_0+b_1x_1+b_2x_2=-1.618+0.79x_1+0.44x_2 \tag{3-36}$$

从而求得对流传热关联式中各系数为

$$m=b_1=0.79\quad n=b_2=0.44\quad B=\lg^{-1}b_0=0.024$$

则准数关联式

$$\hat{Nu}=0.024\,Re^{0.79}Pr^{0.44} \tag{3-37}$$

Nu 实测值和回归值的比较见表 3-8。

表 3-8　回归结果对照表

序号	1	2	3	4	5	6	7	8	9	10	11	12
$Nu\times10^{-2}$	1.8016	1.685	1.5069	1.2769	1.0783	0.835	0.4027	0.5672	0.7206	0.8457	0.9353	0.9579
$\hat{Nu}\times10^{-2}$	1.7326	1.6943	1.5027	1.3015	1.0931	0.8712	0.3937	0.5607	0.7146	0.8526	0.9697	0.9871

注：$\overline{Nu}=105.109$

(3) 回归方程的显著性检验。特别要说明的是，这里最后需要的回归式是式(3-37)，所以应对式(3-37) 进行显著性检验，而不是对线性化之后的线性方程的回归式(3-36) 进行检验。因为线性化之前的非线性化方程形式各异，情况很复杂，对应的 l_{yy} 不一定等于对应的 $(Q+U)$，故用 F 分布函数做显著性检验，是一种近似处理的方法。

Nu 的离差平方和

$$(l_{yy})_{Nu}=\sum_{i=1}^{n}(Nu_i-\overline{Nu})^2=(180.16-105.109)^2+(168.5-105.109)^2+\cdots=20993.55$$

$$f_{总}=n-1=11$$

回归平方和

$$U=\sum(\hat{N}u_i-\overline{Nu})^2=(173.26-105.109)^2+(169.43-105.109)^2+\cdots=20149.42$$

$$f_U=m=2$$

剩余平方和

$$Q=\sum(Nu_i-\hat{N}u_i)^2=(180.16-173.26)^2+(168.5-169.43)^2+\cdots=92.50$$

$$f_Q=11-2=9$$

$$(U)_{Nu}+(Q)_{Nu}=20241.92$$

对 $(l_{yy})_{Nu}$ 的相对偏差$=(20241.92-20993.55)/20993.55=-3.6\times10^{-2}$

方差比 F $$F=\frac{20149.42/2}{92.50/9}=980.2$$

查得 $$F_{0.01}(2,9)=8.02\ll980.2$$

所求之准数关联式(3-37) 在 $\alpha=0.01$ 水平上高度显著。

(4) 预报 $\hat{N}u$ 值的准确度

剩余标准差 $$(s)_{Nu}=\sqrt{\frac{(Q)_{Nu}}{f_Q}}=\sqrt{\frac{92.5}{9}}=3.2059$$

所以预报 Nu 值的绝对误差$\leqslant2\times(s)_{Nu}=6.4$(概率 95.4%)。

2. 多项式回归

上面讨论了经过变量置换，化一元曲线为直线进行线性回归的问题。但并非所有的一元曲线都能转化为直线，例如三次多项式 $y=b_0+b_1x+b_2x^2+b_3x^3$ 就不能变换成直线。

由于任一连续函数按微积分概念在一个小的区间内均可用分段多项式来逼近，所以在实际问题中，不论 y 与自变量 x 的关系如何，必要时可以把它变换成多元线性回归分析问题，最常见的一种情形是多项式回归。在一元回归问题中，如果变量 y 和 x 的关系可以假定为 m 次多项式，则

$$y=b_0+b_1x+b_2x^2+\Lambda+b_mx^m \tag{3-38}$$

其中 $m\geqslant2$。

令 $$Y=y,\ X_1=x,\ X_2=x^2,\ \cdots,\ X_m=x^m$$

则式(3-38) 就可以转化为多元线性方程

$$Y=b_0+b_1X_1+b_2X_2+\Lambda+b_mX_m \tag{3-39}$$

由上可见，求多项式回归的问题化为多元线性回归模型是很方便的。这种方法可以用来解

决相当一类的非线性问题。它在回归分析中占据重要的地位。例如

$$y=b_0+b_1f_1(x)+b_2f_2(x)+\Lambda+b_mf_m(x) \tag{3-40}$$

其 $f_i(x)$ 皆为自变量 x 的已知函数。令

$$\begin{cases} X_1=f_1(x) \\ X_2=f_2(x) \\ \Lambda\ \Lambda\ \Lambda\ \Lambda\ \Lambda \\ X_m=f_m(x) \end{cases} \tag{3-41}$$

则（3-40）可写成

$$Y=b_0+b_1X_1+b_2X_2+\Lambda+b_mX_m \tag{3-42}$$

第四章

化工原理实验部分

实验一　流体流型实验

一、实验目的

1. 观察流体在管内流动的两种不同流型。

2. 测定临界雷诺数 Re_c。

二、基本原理

流体流动有两种不同型态，即层流（或称滞流，Laminar flow）和湍流（或称紊流，Turbulent flow），这一现象最早是由雷诺（Reynolds）于 1883 年首先发现的。流体作层流流动时，其流体质点作平行于管轴的直线运动，且在径向无脉动；流体作湍流流动时，其流体质点除沿管轴方向作向前运动外，还在径向作脉动，从而在宏观上显示出紊乱地向各个方向作不规则的运动。

流体流动型态可用雷诺数（Re）来判断，这是一个由各影响变量组合而成的无因次数群，故其值不会因采用不同的单位制而不同，但应当注意，数群中各物理量必须采用同一单位制。若流体在圆管内流动，则雷诺数可用式(4-1) 表示

$$Re=\frac{du\rho}{\mu} \tag{4-1}$$

式中　Re——雷诺数，无量纲；

d——管子内径，m；

u——流体在管内的平均流速，m/s；

ρ——流体密度，kg/m^3；

μ——流体黏度；Pa・s。

层流转变为湍流时的雷诺数称为临界雷诺数，用 Re_c 表示。工程上一般认为，流体在直圆管内流动时，当 $Re \leqslant 2000$ 时为层流；当 $Re>4000$ 时，圆管内已形成湍流；当 Re 在 2000 至 4000 范围内，流动处于一种过渡状态，可能是层流，也可能是湍流，或者是二者交替出现，这要视外界干扰而定，一般称这一 Re 数范围为过渡区。

式(4-1) 表明，对于一定温度的流体，在特定的圆管内流动，雷诺数仅与流体流速有关。本实验即是通过改变流体在管内的速度，观察在不同雷诺数下流体的流动型态。

三、实验装置及流程

实验装置如图 4-1 所示。主要由玻璃试验导管、流量计、流量调节阀、低位贮水槽、循环水泵、稳压溢流水槽等部分组成，演示主管路为 ϕ20mm×2mm 硬质玻璃管。

实验前，先将水充满低位贮水槽，关闭流量计后的调节阀，然后启动循环水泵。待水充满稳压溢流水槽后，开启流量计后的调节阀。水由稳压溢流水槽流经缓冲槽、试验导管和流量计，最后流回低位贮水槽。水流量的大小，可由流量计和调节阀调节。

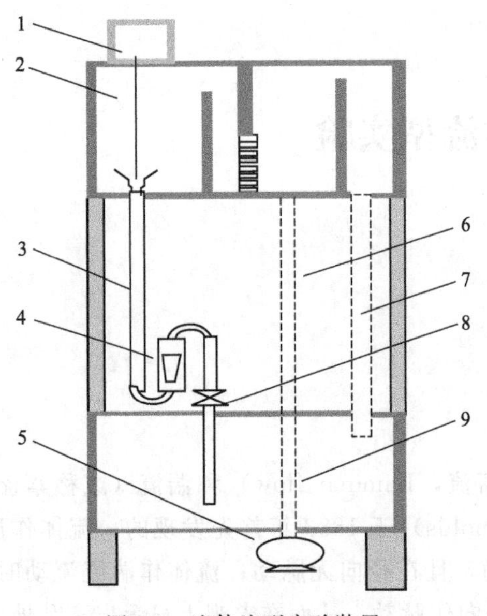

图 4-1　流体流型实验装置

1—红墨水贮槽；2—稳压溢流槽；3—试验导管；4—转子流量计；5—循环泵；6—上水管；7—溢流回水管；8—调节阀；9—贮水槽

示踪剂采用红色墨水，它由红墨水贮瓶经连接管和细孔喷嘴，注入试验导管。细孔玻璃注射管（或注射针头）位于试验导管入口的轴线部位。

实验中要注意实验用水应清洁，红墨水的密度应与水相当，装置要放置平稳，避免震动。

四、实验操作

1. 层流流动型态

试验时，先少许开启调节阀，将流速调至所需要的值。再调节红墨水贮瓶的下口旋塞，并作精细调节，使红墨水的注入流速与试验导管中主体流体的流速相适应，一般略低于主体流体的流速为宜。待流动稳定后，记录主体流体的流量。此时，在试验导管的轴线上，就可观察到一条平直的红色细流，好像一根拉直的红线一样。

2. 湍流流动型态

缓慢地加大调节阀的开度，使水流量平稳地增大，玻璃导管内的流速也随之平稳地增大。此时可观察到，玻璃导管轴线上呈直线流动的红色细流开始发生波动，随着流速的增大，红色细流的波动程度也随之增大，最后断裂成一段段的红色细流。当流速继续增大时，红墨水进入试验导管后立即呈烟雾状分散在整个导管内，进而迅速与主体水流混为一体，使整个管内流体染为红色，以致无法辨别红墨水的流线。

五、实验数据记录表

设备编号：　　　　　　　　　管子内径：

水温：　　　　　水的密度：　　　　　　水的黏度：

项目 序号	流速测定			雷诺准数	墨水线形状	流动形态	
	转子流量计读数	实测流量	流速			实际观察到的流动形态	根据雷诺作出的判断
1 2 3							

六、思考题

1. 流体流动型态的影响因素有哪些？

2. 在化工生产中，由于不能采用直接观察法来判断管中流体的流动型态，可用什么方法来判断流体的流动型态？

3. 有人认为流体的流动型态只用流速一个指标就能够判断，你认为这中观点正确吗？在什么条件下可以只用流速这个指标来判断？

实验二 机械能转化实验

一、实验目的

1. 观测动、静、位压头随管径、位置、流量的变化情况，验证连续性方程和伯努利方程。

2. 定量考察流体流经收缩、扩大管段时，流体流速与管径关系。

3. 定量考察流体流经直管段时，流体阻力与流量关系。

4. 定性观察流体流经节流件、弯头的压损情况。

二、基本原理

化工生产中，流体的输送多在密闭的管道中进行，因此研究流体在管内的流动是化学工程中一个重要课题。任何运动的流体，仍然遵守质量守恒定律和能量守恒定律，这是研究流体力学性质的基本出发点。

1. 连续性方程

对于流体在管内稳定流动时的质量守恒形式表现为如下的连续性方程

$$\rho_1 \iint_1 v \mathrm{d}A = \rho_2 \iint_2 v \mathrm{d}A \tag{4-2}$$

根据平均流速的定义，有

$$\rho_1 u_1 A_1 = \rho_2 u_2 A_2 \tag{4-3}$$

即

$$m_1 = m_2 \tag{4-4}$$

而对均质、不可压缩流体，$\rho_1 = \rho_2 =$ 常数，则式(4-3) 变为

$$u_1 A_1 = u_2 A_2 \tag{4-5}$$

可见，对均质、不可压缩流体，平均流速与流通截面积成反比，即流通截面积越大，流速越小；反之，流通截面积越小，流速越大。

对圆管，$A = \pi d^2/4$，d 为直径，于是式(4-5) 可转化为

$$u_1 d_1^2 = u_2 d_2^2 \tag{4-6}$$

2. 机械能衡算方程

运动的流体除了遵循质量守恒定律以外，还应满足能量守恒定律，依此，在工程上可进一步得到十分重要的机械能衡算方程。

对于均质、不可压缩流体在管路内稳定流动时，其机械能衡算方程（以单位质量流体为基准）为

$$z_1 + \frac{u_1^2}{2g} + \frac{p_1}{\rho g} + h_e = z_2 + \frac{u_2^2}{2g} + \frac{p_2}{\rho g} + h_f \tag{4-7}$$

显然，式(4-7) 中各项均具有高度的量纲，z 称为位头，$u^2/2g$ 称为动压头（速度头），$p/\rho g$ 称为静压头（压力头），h_e称为外加压头，h_f称为压头损失。

对上述机械能衡算方程进行如下讨论。

(1) 理想流体的伯努利方程　无黏性的即没有黏性摩擦损失的流体称为理想流体，就是说，理想流体的$h_f=0$，若此时又无外加功加入，则机械能衡算方程变为

$$z_1+\frac{u_1^2}{2g}+\frac{p_1}{\rho g}=z_2+\frac{u_2^2}{2g}+\frac{p_2}{\rho g} \tag{4-8}$$

式(4-8) 为理想流体的伯努利方程。该式表明，理想流体在流动过程中，总机械能保持不变。

(2) 若流体静止，则$u=0$，$h_e=0$，$h_f=0$，于是机械能衡算方程变为

$$z_1+\frac{p_1}{\rho g}=z_2+\frac{p_2}{\rho g} \tag{4-9}$$

式(4-9) 即为流体静力学方程，可见流体静止状态是流体流动的一种特殊形式。

3. 管内流动分析

按照流体流动时的流速以及其它与流动有关的物理量（例如压力、密度）是否随时间而变化，可将流体的流动分成两类：稳定流动和不稳定流动。连续生产过程中的流体流动，多可视为稳定流动，在开工或停工阶段，则属于不稳定流动。

流体流动有两种不同型态，即层流和湍流。流体作层流流动时，其流体质点作平行于管轴的直线运动，且在径向无脉动；流体作湍流流动时，其流体质点除沿管轴方向作向前运动外，还在径向作脉动，从而在宏观上显示出紊乱地向各个方向作不规则的运动。

流体流动型态可用雷诺数（Re）来判断，这是一个无因次数群，故其值不会因采用不同的单位制而不同。但应当注意，数群中各物理量必须采用同一单位制。若流体在圆管内流动，则雷诺数可用下式表示：

$$Re=\frac{du\rho}{\mu}$$

式中　Re——雷诺数，无量纲；

d——管子内径，m；

u——流体在管内的平均流速，m/s；

ρ——流体密度，kg/m^3；

μ——流体黏度；Pa·s。

雷诺数公式表明，对于一定温度的流体，在特定的圆管内流动，雷诺数仅与流体流速有关。层流转变为湍流时的雷诺数称为临界雷诺数，用Re_c表示。工程上一般认为，流体在直圆管内流动时，当$Re\leqslant 2000$时为层流；当$Re>4000$时，圆管内已形成湍流；当Re在2000至4000范围内，流动处于一种过渡状态，可能是层流，也可能是湍流，或者是二者交替出现，这要视外界干扰而定，一般称这一Re数范围为过渡区。

三、实验装置及流程

机械能转化实验装置如图4-2所示。

该装置为有机玻璃材料制作的管路系统，通过泵使流体循环流动。管路内径为30mm，节流件变截面处管内径为15mm。单管压力计1和2可用于验证变截面连续性方

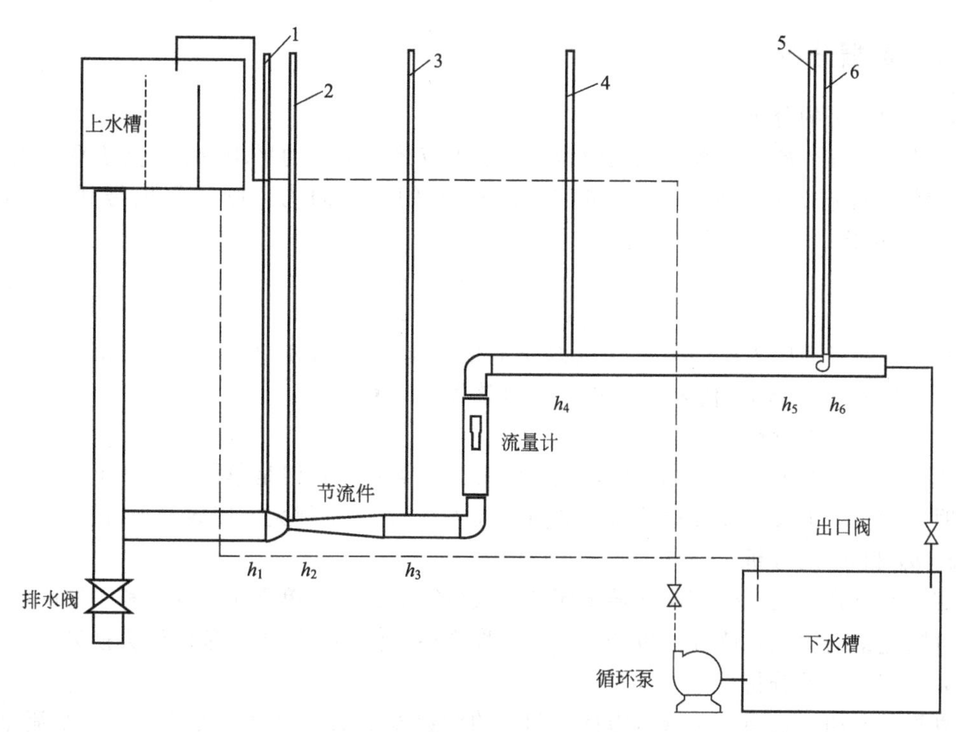

图 4-2　机械能转化实验装置图

1—单管压力计 1；2—单管压力计 2；3—单管压力计 3；4—单管压力计 4；
5—单管压力计 5；6—单管压力计 6

程，单管压力计 1 和 3 可用于比较流体经节流件后的能头损失，单管压力计 3 和 4 可用于比较流体经弯头和流量计后的能头损失及位能变化情况，单管压力计 4 和 5 可用于验证直管段雷诺数与流体阻力系数关系，单管压力计 6 与 5 配合使用，用于测定单管压力计 5 处的中心点速度。

四、实验操作

1. 先在下水槽中加满清水，保持管路排水阀、出口阀处于关闭状态，通过循环泵将水打入上水槽中，使整个管路中充满流体，并保持上水槽液位一定高度，可观察流体静止状态时各单管压力计液面。

2. 通过出口阀调节管内流量，注意保持上水槽液位高度稳定（即保证整个系统处于稳定流动状态），并尽可能使转子流量计读数在刻度线上。观察记录各单管压力计读数和流量值。

3. 改变流量，观察各单管压力计读数随流量的变化情况。注意每改变一个流量，需给予系统一定的稳流时间，方可读取数据。

4. 结束实验，关闭循环泵，全开出口阀排尽系统内流体，之后打开排水阀排空管内沉积段流体。

注意：①若不是长期使用该装置，对下水槽内液体也应作排空处理，防止沉积尘土，否则可能堵塞测速管。②每次实验开始前，也需先清洗整个管路系统，即先使管内流体流动数分钟，检查阀门、管段有无堵塞或漏水情况。

五、数据分析

1. h_1 和 h_2 的分析

由转子流量计流量读数及管截面积，可求得流体在1处的平均流速 u_1(该平均流速适用于系统内其它等管径处)。若忽略 h_1 和 h_2 间的沿程阻力，则适用柏努利方程即式(4-8)，且由于1、2处等高，则有

$$\frac{p_1}{\rho g}+\frac{u_1^2}{2g}=\frac{p_2}{\rho g}+\frac{u_2^2}{2g} \tag{4-10}$$

其中，两者静压头差即为单管压力计1和2读数差（mH_2O)，由此可求得流体在2处的平均流速 u_2。将 u_2 代入式(4-6)，验证连续性方程。

2. h_1 和 h_3 的分析

流体在1和3处，经节流件后，虽然恢复到了等管径，但是单管压力计1和3的读数差说明了能头的损失（即经过节流件的阻力损失)。且流量越大，读数差越明显。

3. h_3 和 h_4 的分析

流体经3到4处，受弯头和转子流量计及位能的影响，单管压力计3和4的读数差明显，且随流量的增大，读数差也变大，可定性观察流体局部阻力导致的能头损失。

4. h_4 和 h_5 的分析

直管段4和5之间，单管压力计4和5的读数差说明了直管阻力的存在（小流量时，该读数差不明显，具体考察直管阻力系数的测定可使用流体阻力装置)，根据

$$h_f=\lambda\frac{L}{d}\frac{u^2}{2g} \tag{4-11}$$

可推算得阻力系数，然后根据雷诺数，作出两者关系曲线。

5. h_5 和 h_6 的分析

单管压力计5和6之差指示的是5处管路的中心点速度，即最大速度 u_c，有

$$\Delta h=\frac{u_c^2}{2g} \tag{4-12}$$

考察在不同雷诺数下，与管路平均速度 u 的关系。

六、实验数据记录表

实验日期：　　　　　　　　　实验者：

设备号：

规格：

实验水温：

序号	测压头水位						流量测量			
	1	2	3	4	5	6	序号	体积	时间	平均流速
0 1 2 3										

七、思考题

1. 在关闭出口阀的情况下，各测压占液位高度是否一致？并解析一致或者不一致的

原因。

2. 在出口阀有一定开度的情况下，测压头 3 和 1 哪一点的液位高度大？为什么？

3. 对同一点而言，零流量时液位高度大于有一定流量时的液位高度，并且离水槽越远，二者的差值就越大？这一差值的物理意义是什么？为什么？

4. 开大出口阀，流速增加，动压头增加，为什么测压管的液位反而下降？

实验三　流体流动阻力测定实验

一、实验目的

1. 掌握测定流体流经直管、管件和阀门时阻力损失的一般实验方法。

2. 测定直管摩擦系数 λ 与雷诺数 Re 的关系，验证在一般湍流区内 λ 与 Re 的关系曲线。

3. 测定流体流经管件、阀门时的局部阻力系数 ξ。

4. 学会倒U形压差计和涡轮流量计的使用方法。

5. 识辨组成管路的各种管件、阀门，并了解其作用。

二、基本原理

流体通过由直管、管件（如三通和弯头等）和阀门等组成的管路系统时，由于黏性剪应力和涡流应力的存在，要损失一定的机械能。流体流经直管时所造成机械能损失称为直管阻力损失。流体通过管件、阀门时因流体运动方向和速度大小改变所引起的机械能损失称为局部阻力损失。

1. 直管阻力摩擦系数 λ 的测定

流体在水平等径直管中稳定流动时，阻力损失为

$$h_f=\frac{\Delta p_f}{\rho}=\frac{p_1-p_2}{\rho}=\lambda\frac{l}{d}\frac{u^2}{2} \tag{4-13}$$

即

$$\lambda=\frac{2d\Delta p_f}{\rho l u^2} \tag{4-14}$$

式中　λ——直管阻力摩擦系数，无因次；

d——直管内径，m；

Δp_f——流体流经 lm 直管的压力降，Pa；

h_f——单位质量流体流经 lm 直管的机械能损失，J/kg；

ρ——流体密度，kg/m^3；

l——直管长度，m；

u——流体在管内流动的平均流速，m/s。

滞流（层流）时，

$$\lambda=\frac{64}{Re} \tag{4-15}$$

$$Re=\frac{du\rho}{\mu} \tag{4-16}$$

式中　Re——雷诺数，无因次；

μ——流体黏度，kg/(m·s)。

湍流时 λ 是雷诺数 Re 和相对粗糙度（ε/d）的函数，须由实验确定。

由式(4-14) 可知，欲测定 λ，需确定 l、d，测定 Δp_f、u、ρ、μ 等参数。l、d 为装置参数（装置参数表格中给出），ρ、μ 通过测定流体温度，再查有关手册而得，u 通过测定流体流量，再由管径计算得到。

例如本装置采用涡轮流量计测流量，V，m^3/h。

$$u=\frac{V}{900\pi d^2} \tag{4-17}$$

Δp_f可用 U 型管、倒置 U 型管、测压直管等液柱压差计测定，或采用差压变送器和二次仪表显示。

(1) 当采用倒置 U 型管液柱压差计时

$$\Delta p_f=\rho g R \tag{4-18}$$

式中　R——水柱高度，m。

(2) 当采用 U 型管液柱压差计时

$$\Delta p_f=(\rho_0-\rho)gR \tag{4-19}$$

式中　R——液柱高度，m；

ρ_0——指示液密度，kg/m^3。

根据实验装置结构参数 l、d，指示液密度 ρ_0，流体温度 t_0(查流体物性 ρ、μ)，及实验时测定的流量 V、液柱压差计的读数 R，通过式(4-17)、式(4-18) 或式(4-19)、式(4-16) 和式(4-14) 求取 Re 和 λ，再将 Re 和 λ 标绘在双对数坐标图上。

2. 局部阻力系数 ξ 的测定

局部阻力损失通常有两种表示方法，即当量长度法和阻力系数法。

(1) 当量长度法

流体流过某管件或阀门时造成的机械能损失看作与某一长度为 l_e的同直径的管道所产生的机械能损失相当，此折合的管道长度称为当量长度，用符号 l_e表示。这样，就可以用计算直管阻力的公式来计算局部阻力损失，而且在管路计算时可将管路中的直管长度与管件、阀门的当量长度合并在一起计算，则流体在管路中流动时的总机械能损失$\sum h_f$为

$$\sum h_f=\lambda\frac{l+\sum l_e}{d}\frac{u^2}{2} \tag{4-20}$$

(2) 阻力系数法

流体通过某一管件或阀门时的机械能损失表示为流体在小管径内流动时平均动能的某一倍数，局部阻力的这种计算方法，称为阻力系数法。即

$$h'_f=\frac{\Delta p'_f}{\rho}=\xi\frac{u^2}{2} \tag{4-21}$$

故

$$\xi=\frac{2\Delta p'_f}{\rho u^2} \tag{4-22}$$

式中　ξ——局部阻力系数，无因次；

$\Delta p'_f$——局部阻力压强降（本装置中，所测得的压降应扣除两测压口间直管段的压降，直管段的压降由直管阻力实验结果求取），Pa；

ρ——流体密度，kg/m^3；

u——流体在小截面管中的平均流速，m/s。

待测的管件和阀门由现场指定。本实验采用阻力系数法表示管件或阀门的局部阻力损失。

根据连接管件或阀门两端管径中小管的直径 d，指示液密度 ρ_0，流体温度 t_0（查流体物性 ρ、μ），及实验时测定的流量 V、液柱压差计的读数 R，通过式(4-17)、式(4-18) 或式(4-19)、式(4-22) 求取管件或阀门的局部阻力系数 ξ。

三、实验装置及流程

1. 实验装置

实验装置如图 4-3 所示。

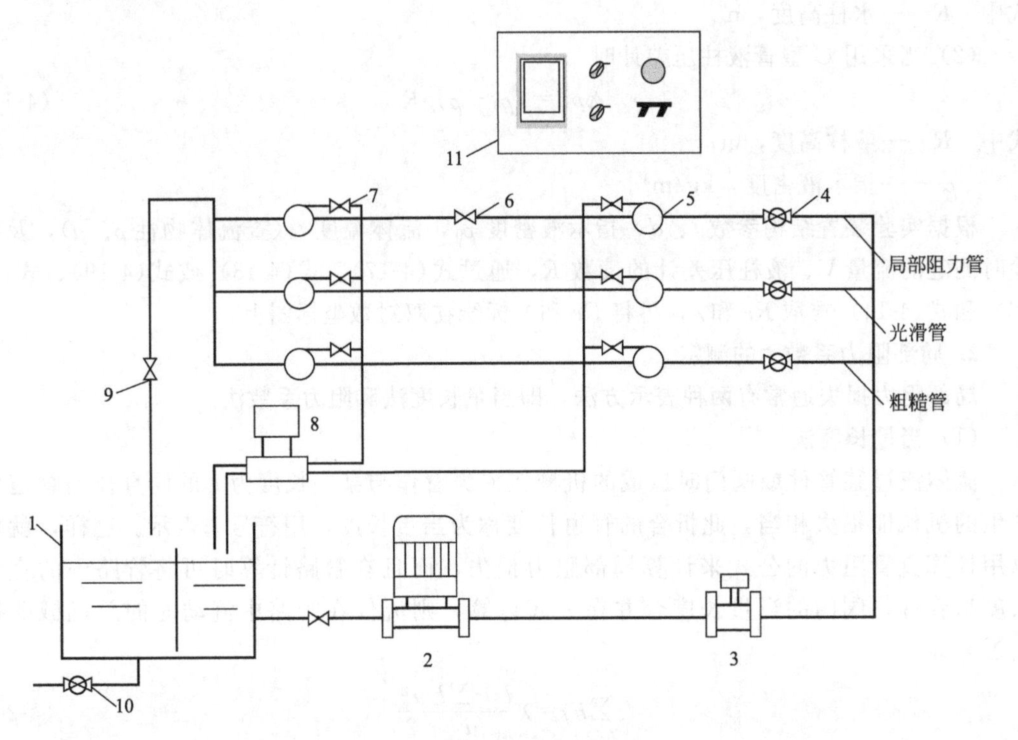

图 4-3　实验装置流程示意图

1—水箱；2—管道泵；3—涡轮流量计；4—进口阀；5—均压阀；6—闸阀；7—引压阀；8—压力变送器；9—出口阀；10—排水阀；11—电气控制箱

2. 实验流程

实验装置部分是由贮水箱，离心泵，不同管径、材质的水管，各种阀门、管件，涡轮流量计和倒 U 型压差计等所组成的。管路部分有 3 段并联的长直管，分别用于测定局部阻力系数、光滑管直管阻力系数和粗糙管直管阻力系数。测定局部阻力部分使用不锈钢管，其上装有待测管件（闸阀）；光滑管直管阻力的测定同样使用内壁光滑的不锈钢管，而粗糙管直管阻力的测定对象为管道内壁较粗糙的镀锌管。

水的流量使用涡轮流量计测量，管路和管件的阻力采用差压变送器将差压信号传递给无纸记录仪。

3. 装置参数

装置参数见表4-1。

表4-1　流体流动阻力测定装置参数

名　　称	材　　质	管内径/mm		测量段长度/cm
		管路号	管内径	
局部阻力	闸阀	1A	20.0	95
光滑管	不锈钢管	1B	20.0	100
粗糙管	镀锌铁管	1C	21.0	100

四、实验步骤

1. 泵启动　首先对水箱进行灌水，然后关闭出口阀，打开总电源和仪表开关，启动水泵，待电机转动平稳后，把出口阀缓缓开到最大。

2. 实验管路选择　选择实验管路，把对应的进口阀打开，并在出口阀最大开度下，保持全流量流动5～10min。

3. 排气　在计算机监控界面点击“引压室排气”按钮，则差压变送器实现排气。

4. 引压　打开对应实验管路的手阀，然后在计算机监控界面点击该对应，则差压变送器检测该管路压差。

5. 流量调节　手控状态时，变频器输出选择100，然后开启管路出口阀，调节流量，让流量从1～4m^3/h范围内变化，建议每次实验变化0.5m^3/h左右。每次改变流量，待流动达到稳定后，记下对应的压差值；自控状态时，流量控制界面设定流量值或设定变频器输出值，待流量稳定后记录相关数据即可。

6. 计算　装置确定时，根据ΔP和u的实验测定值，可计算λ和ξ，在等温条件下，雷诺数$Re=du\rho/\mu=Au$，其中A为常数，因此只要调节管路流量，即可得到一系列λ-Re的实验点，从而绘出λ-Re曲线。

7. 实验结束　关闭出口阀，关闭水泵和仪表电源，清理装置。

五、实验数据处理

根据上述实验测得的数据填写到下表：

实验日期：________实验人员：________学号：________温度：________装置号：________

直管基本参数：光滑管径：________ 粗糙管径：________ 局部阻力管径：________

序　号	流量/(m^3/h)	光滑管压差/kPa	粗糙管压差/kPa	局部阻力压差/kPa

六、实验报告

1. 根据粗糙管实验结果，在双对数坐标纸上标绘出 λ-Re 曲线，对照化工原理教材上有关曲线图，即可估算出该管的相对粗糙度和绝对粗糙度。

2. 根据光滑管实验结果，对照柏拉修斯方程，计算其误差。

3. 根据局部阻力实验结果，求出闸阀全开时的平均 ξ 值。

4. 对实验结果进行分析讨论。

七、思考题

1. 在对装置做排气工作时，是否一定要关闭流程尾部的出口阀？为什么？

2. 如何检测管路中的空气是否已经被排除干净？

3. 以水做介质所测得的 λ-Re 关系能否适用于其它流体？如何应用？

4. 在不同设备上（包括不同管径），不同水温下测定的 λ-Re 数据能否关联在同一条曲线上？

5. 如果测压口、孔边缘有毛刺或安装不垂直，对静压的测量有何影响？

实验四 离心泵特性曲线测定

一、实验目的

1. 了解离心泵结构与特性，熟悉离心泵的使用。

2. 掌握离心泵特性曲线测定方法。

3. 了解电动调节阀的工作原理和使用方法。

二、基本原理

离心泵的特性曲线是选择和使用离心泵的重要依据之一，其特性曲线是在恒定转速下泵的扬程 H、轴功率 N 及效率 η 与泵的流量 Q 之间的关系曲线，它是流体在泵内流动规律的宏观表现形式。由于泵内部流动情况复杂，因此不能用理论方法推导出泵的特性关系曲线，只能依靠实验测定。

1. 扬程 H 的测定与计算

取离心泵进口真空表和出口压力表处为 1、2 两截面，列机械能衡算方程

$$z_1+\frac{p_1}{\rho g}+\frac{u_1^2}{2g}+H=z_2+\frac{p_2}{\rho g}+\frac{u_2^2}{2g}+\sum h_f \tag{4-23}$$

由于两截面间的管长较短，通常可忽略阻力项 $\sum h_f$，速度平方差也很小故可忽略，则有

$$\begin{aligned} H&=(z_2-z_1)+\frac{p_2-p_1}{\rho g}\\ &=H_0+H_1(\text{表值})+H_2 \end{aligned} \tag{4-24}$$

式中 H_0——$H_0=z_2-z_1$，表示泵出口和进口间的位差，m；

ρ——流体密度，kg/m^3；

g——重力加速度，m/s^2；

p_1，p_2——泵进、出口的真空度和表压，Pa；

H_1，H_2——泵进、出口的真空度和表压对应的压头，m；

u_1，u_2——泵进、出口的流速，m/s；

z_1，z_2——真空表、压力表的安装高度，m。

由式(4-24) 可知，只要直接读出真空表和压力表上的数值以及两表的安装高度差，就可计算出泵的扬程。

2. 轴功率 N 的测量与计算

$$N=N_{电}\times k(\mathrm{W}) \tag{4-25}$$

其中，$N_{电}$ 为电功率表显示值，k 代表电机传动效率，可取 $k=0.95$。

3. 效率 η 的计算

泵的效率 η 是泵的有效功率 Ne 与轴功率 N 的比值。有效功率 Ne 是单位时间内流体

经过泵时所获得的实际功，轴功率 N 是单位时间内泵轴从电机得到的功，两者差异反映了水力损失、容积损失和机械损失的大小。

泵的有效功率 Ne 可用式(4-26) 计算。

$$Ne=HQ\rho g \tag{4-26}$$

故泵效率为

$$\eta=\frac{HQ\rho g}{N}\times 100\% \tag{4-27}$$

4. 转速改变时的换算

泵的特性曲线是在定转速下的实验测定所得。但是，实际上感应电动机在转矩改变时，其转速会有变化，这样随着流量 Q 的变化，多个实验点的转速 n 将有所差异，因此在绘制特性曲线之前，须将实测数据换算为某一定转速 n' 下（可取离心泵的额定转速2900rpm）的数据。换算关系如下

流量
$$Q'=Q\frac{n'}{n} \tag{4-28}$$

扬程
$$H'=H\left(\frac{n'}{n}\right)^2 \tag{4-29}$$

轴功率
$$N'=N\left(\frac{n'}{n}\right)^3 \tag{4-30}$$

效率
$$\eta'=\frac{Q'H'\rho g}{N'}=\frac{QH\rho g}{N}=\eta \tag{4-31}$$

三、实验装置及流程

离心泵特性曲线测定装置流程图如图 4-4 所示。

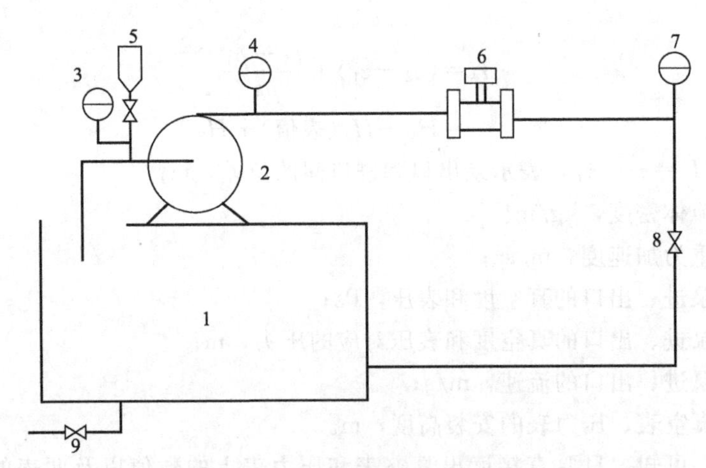

图 4-4 实验装置流程示意图

1—水箱；2—离心泵；3—泵进口真空表；4—泵出口压力表；5—灌泵口；6—涡沦流量计；7—温度计；8—出口阀；9—排水阀

四、实验步骤及注意事项

1. 实验步骤

(1) 清洗水箱，并加装实验用水。给离心泵灌水，排出泵内气体。

(2) 检查各阀门开度和仪表自检情况，试开状态下检查电机和离心泵是否正常运转。开启离心泵之前先将出口阀关闭，当泵达到额定转速后方可逐步打开出口阀。

(3) 实验时，逐渐打开调节阀以增大流量，待各仪表读数显示稳定后，读取相应数据。(离心泵特性实验主要应获取的实验数据为：流量 Q、泵进口压力 p_1、泵出口压力 p_2、电机功率 $N_电$、泵转速 n，及流体温度 t 和两测压点间高度差 H_0。)

(4) 测取 10 组左右数据后，可以停泵，同时记录下设备的相关数据（如离心泵型号，额定流量、扬程和功率等）。停泵前先将闸阀关闭，再关泵的电源。

2. 注意事项

(1) 一般每次实验前，均需对泵进行灌泵操作，以防止离心泵气缚。同时注意定期对泵进行保养，防止叶轮被固体颗粒损坏。

(2) 泵运转过程中，勿触碰泵主轴部分，因其高速转动，可能会缠绕并伤害身体接触部位。

(3) 不要在出口阀关闭状态下长时间使泵运转，一般不超过 3min，否则，泵中液体循环温度升高，易生气泡，使泵抽空。

五、实验数据处理

(1) 实验原始数据记录格式见表 1

实验日期：________实验人员：________学号：________装置号：________

离心泵型号=　　　　，额定流量=　　　　，额定扬程=　　　　，额定功率=

泵进出口测压点高度差 H_0=　　　　，流体温度 t=

表 1

实验次数	流量 $Q/(m^3/h)$	泵进口压力 p_1/kPa	泵出口压力 p_2/kPa	电机功率 $N_电$/kW	泵转速 n/(r/m)

(2) 根据原理部分的公式，按比例定律校核转速后，计算各流量下的泵扬程、轴功率和效率，见表 2。

表 2

实验次数	流量 $Q/(m^3/h)$	扬程 H/m	轴功率 N/kW	泵效率 $\eta/\%$

六、实验报告

1. 分别绘制一定转速下的 H-Q、N-Q、η-Q 曲线。

2. 分析实验结果，判断泵最为适宜的工作范围。

七、思考题

1. 试从所测实验数据分析，离心泵在启动时为什么要关闭出口阀门？

2. 启动离心泵之前为什么要引水灌泵？如果灌泵后依然启动不起来，你认为可能的原因是什么？

3. 为什么用泵的出口阀门调节流量？这种方法有什么优缺点？是否还有其它方法调节流量？

4. 泵启动后，出口阀如果不开，压力表读数是否会逐渐上升？为什么？

5. 正常工作的离心泵，在其进口管路上安装阀门是否合理？为什么？

6. 试分析，用清水泵输送密度为 $1200kg/m^3$ 的盐水，在相同流量下你认为泵的压力是否变化？轴功率是否变化？

实验五　恒压过滤常数测定

一、实验目的

1. 熟悉板框压滤机的构造和操作方法。
2. 通过恒压过滤实验，验证过滤基本理论。
3. 学会测定过滤常数 K、q_e、τ_e 及压缩性指数 s 的方法。
4. 了解过滤压力对过滤速率的影响。

二、基本原理

过滤是以某种多孔物质为介质来处理悬浮液以达到固、液分离的一种操作过程，即在外力的作用下，悬浮液中的液体通过固体颗粒层（即滤渣层）及多孔介质的孔道而固体颗粒被截留下来形成滤渣层，从而实现固、液分离。因此，过滤操作本质上是流体通过固体颗粒层的流动，而这个固体颗粒层（滤渣层）的厚度随着过滤的进行而不断增加，故在恒压过滤操作中，过滤速度不断降低。

过滤速度 $\boldsymbol{u}$ 定义为单位时间单位过滤面积内通过过滤介质的滤液量。影响过滤速度的主要因素除过滤推动力（压强差）Δp、滤饼厚度 L 外，还有滤饼和悬浮液的性质、悬浮液温度、过滤介质的阻力等。

过滤时滤液流过滤渣和过滤介质的流动过程基本上处在层流流动范围内，因此，可利用流体通过固定床压降的简化模型，寻求滤液量与时间的关系，可得过滤速度计算式

$$u=\frac{\mathrm{d}V}{A\,\mathrm{d}\tau}=\frac{\mathrm{d}q}{\mathrm{d}\tau}=\frac{A\Delta p^{(1-s)}}{\mu\cdot r\cdot C(V+V_e)}=\frac{A\Delta p^{(1-s)}}{\mu\cdot r'\cdot C'(V+V_e)} \tag{4-32}$$

式中　u——过滤速度，m/s；

V——通过过滤介质的滤液量，m^3；

A——过滤面积，m^2；

τ——过滤时间，s；

q——通过单位面积过滤介质的滤液量，m^3/m^2；

Δp——过滤压力（表压），Pa；

s——滤渣压缩性系数；

μ——滤液的黏度，Pa·s；

r——滤渣比阻，$1/m^2$；

C——单位滤液体积的滤渣体积，m^3/m^3；

V_e——过滤介质的当量滤液体积，m^3；

r'——滤渣比阻，m/kg；

C'——单位滤液体积的滤渣质量，kg/m^3。

对于一定的悬浮液，在恒温和恒压下过滤时，μ、r、C 和 Δp 都恒定，为此令

$$K=\frac{2\Delta p^{(1-s)}}{\mu\cdot r\cdot C} \tag{4-33}$$

于是式(4-32) 可改写为

$$\frac{\mathrm{d}V}{\mathrm{d}\tau}=\frac{KA^2}{2(V+V_e)} \tag{4-34}$$

式中　K——过滤常数，由物料特性及过滤压差所决定，m^2/s。

将式(4-34) 分离变量积分，整理得

$$\int_{V_e}^{V+V_e}(V+V_e)\mathrm{d}(V+V_e)=\frac{1}{2}KA^2\int_0^{\tau}\mathrm{d}\tau \tag{4-35}$$

即

$$V^2+2VV_e=KA^2\tau \tag{4-36}$$

将式(4-35) 的积分极限改为从 0 到 V_e 和从 0 到 τ_e积分，则

$$V_e^2=KA^2\tau_e \tag{4-37}$$

将式(4-36) 和式(4-37) 相加，可得

$$(V+V_e)^2=KA^2(\tau+\tau_e) \tag{4-38}$$

式中　τ_e——虚拟过滤时间，相当于滤出滤液量 V_e 所需时间，s。

再将式(4-38) 微分，得

$$2(V+V_e)\mathrm{d}V=KA^2\mathrm{d}\tau \tag{4-39}$$

将式(4-39) 写成差分形式，则

$$\frac{\Delta\tau}{\Delta q}=\frac{2}{K}\bar{q}+\frac{2}{K}q_e \tag{4-40}$$

式中　Δq——每次测定的单位过滤面积滤液体积（在实验中一般等量分配），m^3/m^2；

$\Delta\tau$——每次测定的滤液体积 Δq 所对应的时间，s；

$\bar{q}$——相邻两个 q 值的平均值，m^3/m^2。

以 $\Delta\tau/\Delta q$ 为纵坐标，$\bar{q}$为横坐标将式(4-40) 标绘成一直线，可得该直线的斜率和截距，

斜率　$$S=\frac{2}{K}$$

截距　$$I=\frac{2}{K}q_e$$

则

$$K=\frac{2}{S}\quad m^2/s$$

$$q_e=\frac{KI}{2}=\frac{I}{S}\quad m^3$$

$$\tau_e=\frac{q_e^2}{K}=\frac{I^2}{KS^2}\quad s$$

改变过滤压差 Δp，可测得不同的 K 值，由 K 的定义式(4-33) 两边取对数得

$$\lg K=(1-s)\lg(\Delta p)+B \tag{4-41}$$

在实验压差范围内，若 B 为常数，则 $\lg K$-$\lg(\Delta p)$ 的关系在直角坐标上应是一条直线，斜率为 $(1-s)$，可得滤饼压缩性指数 s。

三、实验装置及流程

本实验装置由空压机、配料槽、压力料槽、板框过滤机等组成，其流程示意如图 4-5

所示。

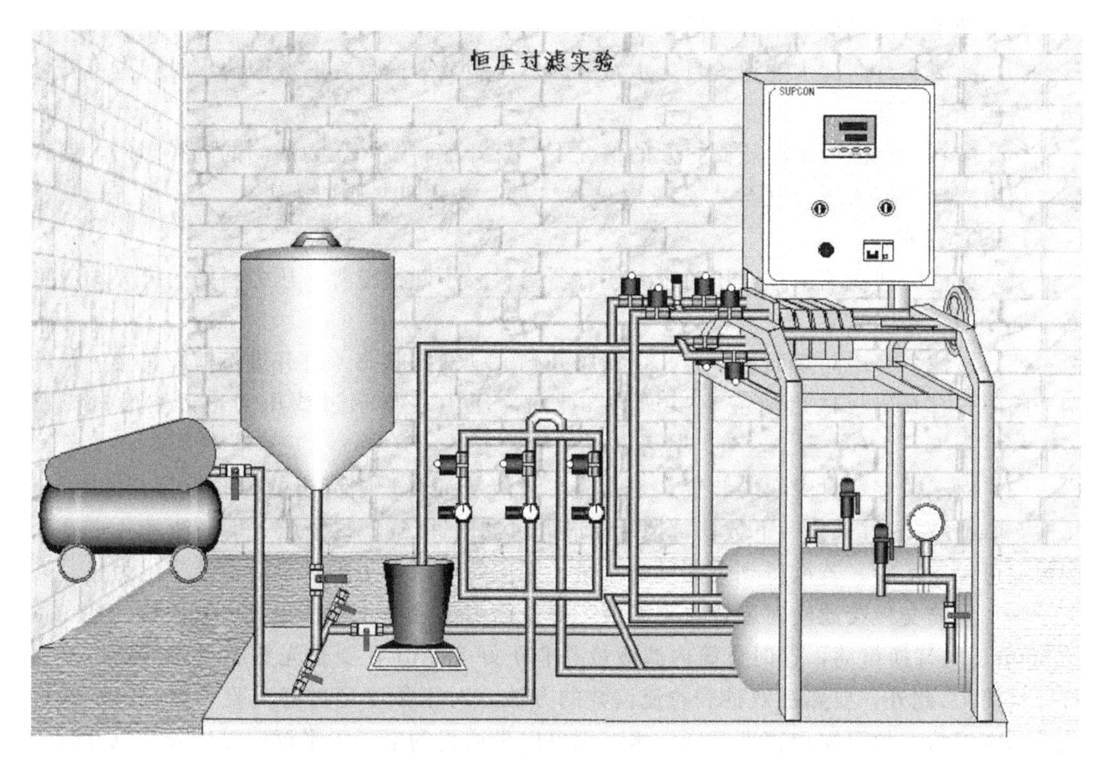

图 4-5　板框压滤机过滤流程

在配料桶内将 $CaCO_3$ 的悬浮液配制到一定浓度后，利用压差送入压力料槽中，用压缩空气加以搅拌使 $CaCO_3$ 不致沉降，同时利用压缩空气的压力将滤浆送入板框压滤机过滤，滤液流入筒中计量，压缩空气从压力料槽上排空管中排出。

板框压滤机的结构尺寸：框厚度 20mm，每个框过滤面积 0.0127m^2，框数 2 个。

空气压缩机规格型号：风量 0.06m^3/min，最大气压 0.8MPa。

四、实验步骤

1. 实验准备

(1) 配料。在配料罐内配制含 10%～30%$CaCO_3$(质量分数) 的水悬浮液，碳酸钙事先用天平称量，水位高度按标尺示意，筒身直径 350mm。配置时，应将配料罐底部阀门关闭。

(2) 搅拌。开启空压机，将压缩空气通入配料罐 (空压机的出口小球阀保持半开，进入配料罐的两个阀门保持适当开度)，使 $CaCO_3$ 悬浮液搅拌均匀。搅拌时，应将配料罐的顶盖合上。

(3) 设定压力。分别打开进压力罐的 3 路阀门，空压机过来的压缩空气经各定值调节阀分别设定为 0.1MPa、0.2MPa 和 0.3MPa(出厂已设定，每个间隔压力大于 0.05MPa。若欲作 0.3MPa 以上压力过滤，需调节压力罐安全阀)。设定定值调节阀时，压力灌泄压阀可略开。

(4) 装板框。正确装好滤板、滤框及滤布。滤布使用前用水浸湿，滤布要绷紧，不能起皱。滤布紧贴滤板，密封垫贴紧滤布。（注意：用螺旋压紧时，千万不要把手指压伤，先慢慢转动手轮使板框合上，然后再压紧）。

（5）灌清水。向清水罐通入自来水，液面达视镜2/3高度左右。灌清水时，应将安全阀处的泄压阀打开。

（6）灌料。在压力罐泄压阀打开的情况下，打开配料罐和压力罐间的进料阀门，使料浆自动由配料桶流入压力罐至其视镜1/2～2/3处，关闭进料阀门。

2. 过滤过程

（1）鼓泡。通压缩空气至压力罐，使容器内料浆不断被搅拌。压力料槽的排气阀应不断排气，但又不能喷浆。

（2）过滤。将中间双面板下通孔切换阀开到通孔通路状态。打开进板框前料液进口的两个阀门，打开出板框后清液出口球阀。此时，压力表指示过滤压力，清液出口流出滤液。

（3）对于数字型过滤实验装置，实验应在滤液从汇集管刚流出的时候作为开始时刻，每次800mL左右时采集一下数据，记录相应的过滤时间$\Delta\tau$。每个压力下，测量8～10个读数即可停止实验。若欲得到干而厚的滤饼，则应每个压力下做到没有清液流出为止。

（4）量筒交换接滤液时不要流失滤液。等量筒内滤液静止后读出ΔV值，（注意：ΔV约800mL时替换量筒，这时量筒内滤液量并非正好800mL，要事先熟悉量筒刻度，不要打碎量筒）。此外，要熟练双秒表轮流读数的方法。对于数字型过滤实验装置，由于透过液已基本澄清，故可视作密度等同于水，则可以带通讯的电子天平读取对应计算机计时器下的瞬时质量的方法来确定过滤速度。

（5）每次滤液及滤饼均收集在小桶内，滤饼弄细后重新倒入料浆桶内搅拌配料，进入下一个压力实验。注意若清水罐水量不足，可补充一定量水，补水时仍应打开该罐的泄压阀。

3. 清洗过程

（1）关闭板框过滤的进出阀门，将中间双面板下通孔切换阀开到通孔关闭状态。

（2）打开清洗液进入板框的进出阀门（板框前两个进口阀，板框后一个出口阀）。此时，压力表指示清洗压力，清液出口流出清洗液。清洗液速度比同压力下过滤速度小很多。

（3）清洗液流动约1min，可观察混浊变化情况判断是否结束。一般物料可不进行清洗过程。结束清洗过程，也是关闭清洗液进出板框的阀门，关闭定值调节阀后进气阀门。

4. 实验结束

（1）先关闭空压机出口球阀，关闭空压机电源。

（2）打开安全阀处泄压阀，使压力罐和清水罐泄压。

（3）冲洗滤框、滤板，滤布不要折，应当用刷子刷洗。

（4）将压力罐内物料反压到配料罐内备下次实验使用，或将该二罐物料直接排空后用清水冲洗。

五、实验数据处理

1. 滤饼常数 K 的求取

计算举例：以 $P=1.0\text{kg/cm}^2$ 时的一组数据为例。

过滤面积 $A=0.024\times2=0.048\text{m}^2$；

$\Delta V_1=637\times10^{-6}\ \text{m}^3$；$\Delta\tau_1=31.98\text{s}$；

$\Delta V_2=630\times10^{-6}\ \text{m}^3$；$\Delta\tau_2=35.67\text{s}$；

$\Delta q_1=\Delta V_1/A=637\times10^{-6}/0.048=0.013271\text{m}^3/\text{m}^2$；

$\Delta q_2=\Delta V_2/A=630\times10^{-6}/0.048=0.013125\text{m}^3/\text{m}^2$；

$\Delta\tau_1/\Delta q_1=31.98/0.013271=2409.766\text{sm}^2/\text{m}^3$；

$\Delta\tau_2/\Delta q_2=35.67/0.013125=2717.714\text{sm}^2/\text{m}^3$；

$q_0=0\text{m}^3/\text{m}^2$；$q_1=q_0+\Delta q_1=0.013271\text{m}^3/\text{m}^2$　$q_2=q_1+\Delta q_2=0.026396\text{m}^3/\text{m}^2$；

$\overline{q_1}=\frac{1}{2}(q_0+q_1)=0.0066355\text{m}^3/\text{m}^2$；$\overline{q_2}=\frac{1}{2}(q_1+q_2)=0.0198335\text{m}^3/\text{m}^2$

依此算出多组 $\Delta\tau/\Delta q$ 及$\overline{q}$；

……

在直角坐标系中绘制 $\Delta\tau/\Delta q$-q的关系曲线，如图 4-6 所示，从该图中读出斜率可求得 K。不同压力下的 K 值列于表 4-2 中。

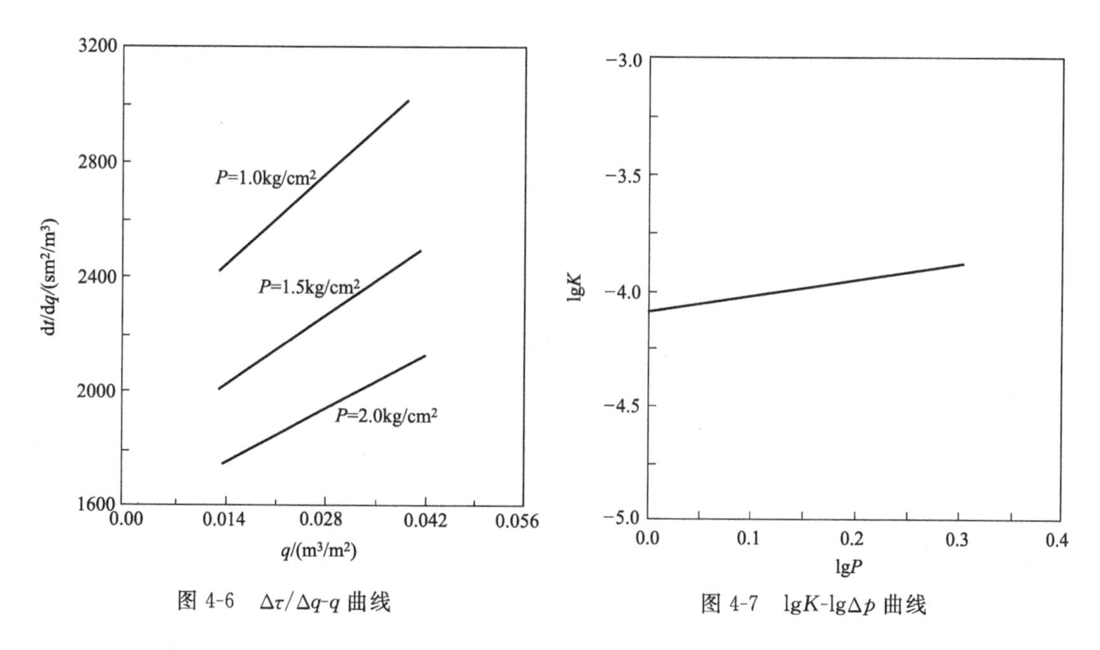

图 4-6　$\Delta\tau/\Delta q$-q 曲线　　　图 4-7　$\lg K$-$\lg\Delta p$ 曲线

表 4-2　不同压力下的 K 值

Δp/(kg/cm²)	过滤常数 K/(m²/s)	Δp/(kg/cm²)	过滤常数 K/(m²/s)
1.0	8.524×10^{-5}	2.0	1.486×10^{-4}
1.5	1.191×10^{-4}		

2. 滤饼压缩性指数 S 的求取

计算举例：在压力 $P=1.0\text{kg/cm}^2$ 时的 $\Delta\tau/\Delta q$-q 直线上，拟合得直线方程，根据斜率为 $2/K_3$，则 $K_3=0.00008524$。

将不同压力下测得的 K 值作 $\lg K$-$\lg\Delta p$ 曲线，如图 4-7 所示，也拟合得直线方程，根据斜率为（$1-s$），可计算得 $s=0.198$。

六、实验报告

1. 由恒压过滤实验数据求过滤常数 K、q_e、τ_e。

2. 比较几种压差下的 K、q_e、τ_e 值，讨论压差变化对以上参数数值的影响。

3. 在直角坐标纸上绘制 $\lg K$-$\lg\Delta p$ 关系曲线，求出 s。

4. 实验结果分析与讨论。

七、思考题

1. 板框过滤机的优缺点是什么？适用于什么场合？

2. 板框压滤机的操作分哪几个阶段？

3. 为什么过滤开始时，滤液常常有点浑浊，而过段时间后才变清？

4. 影响过滤速率的主要因素有哪些？当你在某一恒压下测得 K、q_e、τ_e 值后，若将过滤压强提高1倍，问上述3个值将有何变化？

实验六　空气-蒸汽给热系数测定

一、实验目的

1. 了解间壁式传热元件，掌握给热系数测定的实验方法。

2. 掌握热电阻测温的方法，观察水蒸气在水平管外壁上的冷凝现象。

3. 学会给热系数测定的实验数据处理方法，了解影响给热系数的因素和强化传热的途径。

二、基本原理

在工业生产过程中，大量情况下，冷、热流体系通过固体壁面（传热元件）进行热量交换，称为间壁式换热。如图 4-8 所示，间壁式传热过程由热流体对固体壁面的对流传热，固体壁面的热传导和固体壁面对冷流体的对流传热所组成。

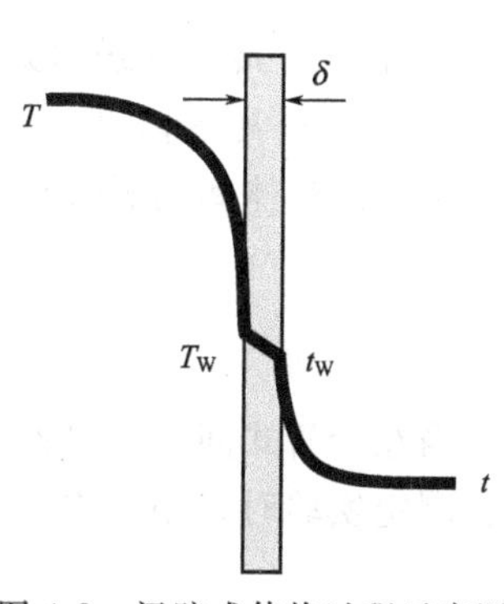

图 4-8　间壁式传热过程示意图

达到传热稳定时，有

$$
\begin{aligned}
Q &= m_1 c_{p1}(T_1 - T_2) = m_2 c_{p2}(t_2 - t_1) \\
&= \alpha_1 A_1 (T - T_W)_M = \alpha_2 A_2 (t_W - t)_m \\
&= KA\Delta t_m
\end{aligned}
\tag{4-42}
$$

式中　Q——传热量，J/s；

m_1——热流体的质量流率，kg/s；

c_{p1}——热流体的比热，J/(kg·℃)；

T_1——热流体的进口温度，℃；

T_2——热流体的出口温度，℃；

m_2——冷流体的质量流率，kg/s；

c_{p2}——冷流体的比热容，J/(kg·℃)；

t_1——冷流体的进口温度，℃；

t_2——冷流体的出口温度，℃；

α_1——热流体与固体壁面的对流传热系数，W/(m^2·℃)；

A_1——热流体侧的对流传热面积，m^2；

$(T-T_W)_m$——热流体与固体壁面的对数平均温差，℃；

α_2——冷流体与固体壁面的对流传热系数，W/(m^2·℃)；

A_2——冷流体侧的对流传热面积，m^2；

$(t_W-t)_m$——固体壁面与冷流体的对数平均温差，℃；

K——以传热面积 A 为基准的总给热系数，W/(m^2·℃)；

Δt_m——冷热流体的对数平均温差，℃。

热流体与固体壁面的对数平均温差可由式（4-43）计算

$$(T-T_W)_m=\frac{(T_1-T_{W1})-(T_2-T_{W2})}{\ln\dfrac{T_1-T_{W1}}{T_2-T_{W2}}} \tag{4-43}$$

式中　T_{W1}——热流体进口处热流体侧的壁面温度，℃；

T_{W2}——热流体出口处热流体侧的壁面温度，℃。

固体壁面与冷流体的对数平均温差可由式(4-44) 计算

$$(t_W-t)_m=\frac{(t_{W1}-t_1)-(t_{W2}-t_2)}{\ln\dfrac{t_{W1}-t_1}{t_{W2}-t_2}} \tag{4-44}$$

式中　t_{W1}——冷流体进口处冷流体侧的壁面温度，℃；

t_{W2}——冷流体出口处冷流体侧的壁面温度，℃。

热、冷流体间的对数平均温差可由式(4-45) 计算

$$\Delta t_m=\frac{(T_1-t_2)-(T_2-t_1)}{\ln\dfrac{T_1-t_2}{T_2-t_1}} \tag{4-45}$$

当在套管式间壁换热器中，环隙通以水蒸气，内管管内通以冷空气或水进行对流传热系数测定实验时，则由式(4-42) 得内管内壁面与冷空气或水的对流传热系数

$$\alpha_2=\frac{m_2c_{p2}(t_2-t_1)}{A_2(t_W-t)_m} \tag{4-46}$$

实验中测定紫铜管的壁温 t_{w1}、t_{w2}；冷空气或水的进出口温度 t_1、t_2；实验用紫铜管的长度 l、内径 d_2，则 $A_2=\pi d_2 l$；知冷流体的质量流量，即可计算 α_2。

然而，直接测量固体壁面的温度，尤其管内壁的温度，实验技术难度大，而且所测得的数据准确性差，带来较大的实验误差，因此，通过测量相对较易测定的冷热流体温度来间接推算流体与固体壁面间的对流给热系数就成为人们广泛采用的一种实验研究手段。

由式(4-42) 得

$$K=\frac{m_2c_{p2}(t_2-t_1)}{A\Delta t_m} \tag{4-47}$$

实验测定 m_2、t_1、t_2、T_1、T_2，并查取 $t_{平均}=\frac{1}{2}(t_1+t_2)$下冷流体对应的 c_{p2}、换热面积 A，即可由式(4-47) 计算得总给热系数 K。

1. 通过两种方法求对流给热系数

(1) 近似法求算对流给热系数 α_2

以管内壁面积为基准的总给热系数与对流给热系数间的关系为

$$\frac{1}{K}=\frac{1}{\alpha_2}+R_{S2}+\frac{bd_2}{\lambda d_m}+R_{S1}\frac{d_2}{d_1}+\frac{d_2}{\alpha_1 d_1} \tag{4-48}$$

式中　d_1——换热管外径，m；

d_2——换热管内径，m；

d_m——换热管的对数平均直径，m；

b——换热管的壁厚，m；

λ——换热管材料的热导率，W/(m · ℃)；

R_{S1}——换热管外侧的污垢热阻，$m^2 \cdot K/W$；

R_{S2}——换热管内侧的污垢热阻，$m^2 \cdot K/W$。

用本装置进行实验时，管内冷流体与管壁间的对流给热系数约为几十到几百 $W/m^2 \cdot K$；而管外为蒸汽冷凝，冷凝给热系数 α_1 可达约 $10^4 W/m^2 \cdot K$ 左右，因此冷凝传热热阻 $\frac{d_2}{\alpha_1 d_1}$ 可忽略，同时蒸汽冷凝较为清洁，因此换热管外侧的污垢热阻 $R_{S1}\frac{d_2}{d_1}$ 也可忽略。实验中的传热元件材料采用紫铜，热导率为 383.8W/m・K，壁厚为 2.5mm，因此换热管壁的导热热阻 $\frac{bd_2}{\lambda d_m}$ 可忽略。若换热管内侧的污垢热阻 R_{S2} 也忽略不计，则由式(4-48) 得

$$\alpha_2 \approx K \tag{4-49}$$

由此可见，被忽略的传热热阻与冷流体侧对流传热热阻相比越小，此法所得的准确性就越高。

(2) 传热准数式求算对流给热系数 α_2

对于流体在圆形直管内作强制湍流对流传热时，若符合如下范围 $Re=1.0\times10^4 \sim 1.2\times10^5$，$Pr=0.7\sim120$，管长与管内径之比 $l/d \geqslant 60$，则传热准数经验式为

$$Nu=0.023Re^{0.8}Pr^n \tag{4-50}$$

式中 Nu——努塞尔数，$Nu=\frac{\alpha d}{\lambda}$，无因次；

Re——雷诺数，$Re=\frac{du\rho}{\mu}$，无因次；

Pr——普兰特数，$Pr=\frac{c_p\mu}{\lambda}$，无因次；

当流体被加热时 $n=0.4$，流体被冷却时 $n=0.3$；

α——流体与固体壁面的对流传热系数，$W/(m^2 \cdot ℃)$；

d——换热管内径，m；

λ——流体的热导率，$W/(m \cdot ℃)$；

u——流体在管内流动的平均速度，m/s；

ρ——流体的密度，kg/m^3；

μ——流体的黏度，Pa・s；

c_p——流体的比热容，$J/(kg \cdot ℃)$。

对于水或空气在管内强制对流被加热时，可将式(4-50) 改写为

$$\frac{1}{\alpha_2}=\frac{1}{0.023}\times\left(\frac{\pi}{4}\right)^{0.8}\times d_2^{1.8}\times\frac{1}{\lambda_2 Pr_2^{0.4}}\times\left(\frac{\mu_2}{m_2}\right)^{0.8} \tag{4-51}$$

令

$$m=\frac{1}{0.023}\times\left(\frac{\pi}{4}\right)^{0.8}\times d_2^{1.8} \tag{4-52}$$

$$X=\frac{1}{\lambda_2 Pr_2^{0.4}}\times\left(\frac{\mu_2}{m_2}\right)^{0.8} \tag{4-53}$$

$$Y=\frac{1}{K} \tag{4-54}$$

$$C=R_{S2}+\frac{bd_2}{\lambda d_m}+R_{S1}\frac{d_2}{d_1}+\frac{d_2}{\alpha_1 d_1} \tag{4-55}$$

则式(4-48) 可写为

$$Y=mX+C \tag{4-56}$$

当测定管内不同流量下的对流给热系数时，由式(4-55) 计算所得的 C 值为一常数。管内径 d_2 一定时，m 也为常数，因此，实验时测定不同流量所对应的 t_1、t_2、T_1、T_2，由式(4-45)、式(4-47)、式(4-53)、式(4-54) 求取一系列 X、Y 值，再在 X-Y 图上作图或将所得的 X、Y 值回归成一直线，该直线的斜率即为 m。任一冷流体流量下的给热系数 α_2 可用式(4-57) 求得

$$\alpha_2=\frac{\lambda_2 Pr_2^{0.4}}{m}\times\left(\frac{m_2}{\mu_2}\right)^{0.8} \tag{4-57}$$

2. 冷流体质量流量的测定

(1) 若用转子流量计测定冷空气的流量，还需用式(4-58) 换算得到实际的流量

$$V'=V\sqrt{\frac{\rho(\rho_f-\rho')}{\rho'(\rho_f-\rho)}} \tag{4-58}$$

式中 V'——实际被测流体的体积流量，m^3/s；

ρ'——实际被测流体的密度，kg/m^3，均可取 $t_{平均}=\frac{1}{2}(t_1+t_2)$ 下对应水或空气的密度，见 3. 冷流体物性与温度的关系式；

V——标定用流体的体积流量，m^3/s；

ρ——标定用流体的密度，kg/m^3，对水 $\rho=1000kg/m^3$，对空气 $\rho=1.205\ kg/m^3$；

ρ_f——转子材料密度，单位 kg/m^3。

于是

$$m_2=V'\rho' \tag{4-59}$$

(2) 若用孔板流量计测冷流体的流量，则

$$m_2=\rho V \tag{4-60}$$

式中 V——冷流体进口处流量计读数；

ρ——冷流体进口温度下对应的密度。

3. 冷流体物性与温度的关系式

在 0～100℃之间，冷流体的物性与温度的关系有如下拟合公式。

(1) 空气的密度与温度的关系式 $\rho=10^{-5}t^2-4.5\times10^{-3}t+1.2916$

(2) 空气的比热与温度的关系式 60℃以下 $C_p=1005\ J/(kg\cdot℃)$，

70℃以上 $C_p=1009\ J/(kg\cdot℃)$。

(3) 空气的热导率与温度的关系式 $\lambda=-2\times10^{-8}t^2+8\times10^{-5}t+0.0244$

(4) 空气的黏度与温度的关系式 $\mu=(-2\times10^{-6}t^2+5\times10^{-3}t+1.7169)\times10^{-5}$

三、实验装置及流程

1. 实验装置

实验装置如图 4-9 所示。

来自蒸气发生器的水蒸气进入不锈钢套管换热器环隙，与来自风机的空气在套管换热器内进行热交换，冷凝水经疏水器排入地沟。冷空气经孔板流量计或转子流量计进入套管换热器内管（紫铜管），热交换后排出装置外。

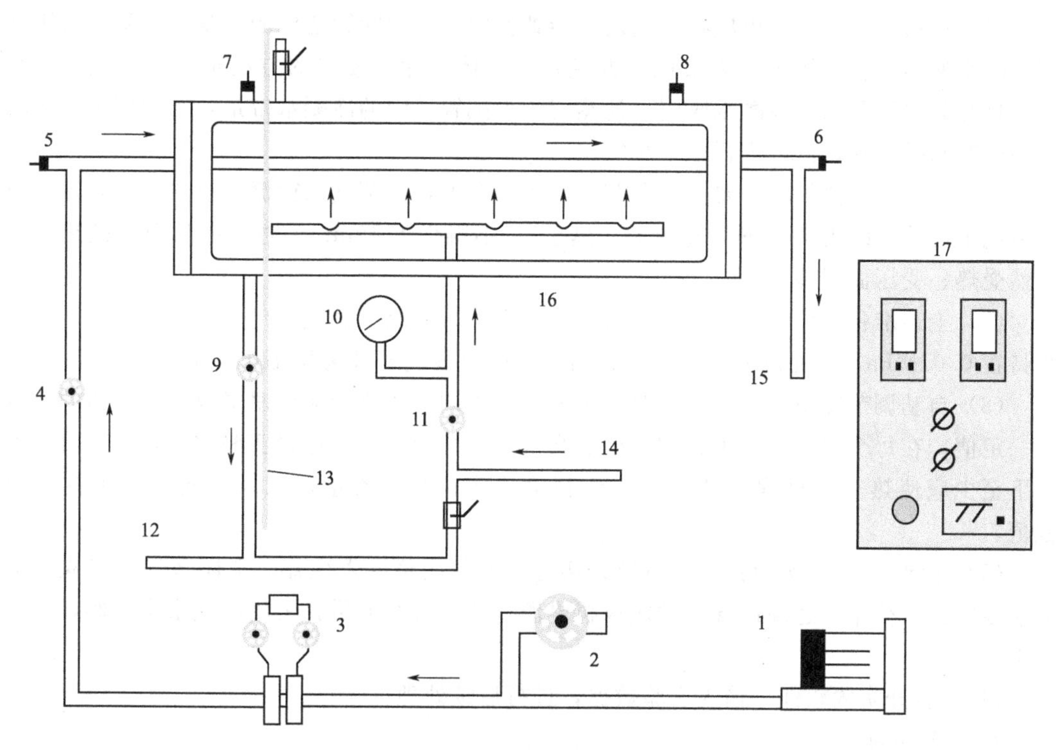

图 4-9　空气-水蒸气换热流程图

1—旋涡式气泵；2—排气阀；3—孔板流量计；4—冷流体进气阀；5—冷流体进口温度计；6—冷流体出口温度计；7—冷流体进口侧蒸汽温度计；8—冷流体出口侧蒸汽温度计；9—冷凝水出口阀；10—压力表；11—蒸汽进口阀；12—冷凝水排水口；13—紫铜管；14—蒸气进口；15—冷流体出口；16—换热器；17—电气控制箱

2. 设备与仪表规格

（1）紫铜管规格　直径 ϕ21mm×2.5mm，长度 L=1000mm；

（2）外套不锈钢管规格　直径 ϕ100mm×5mm，长度 L=1000mm；

（3）铂热电阻及无纸记录仪温度显示；

（4）全自动蒸气发生器及蒸气压力表。

四、实验步骤与注意事项

1. 实验步骤

（1）打开控制面板上的总电源开关，打开仪表电源开关，使仪表通电预热，观察仪表显示是否正常。

（2）在蒸气发生器中灌装清水至水箱的球体中部，开启发生器电源，使水处于加热状态。到达符合条件的蒸气压力后，系统会自动处于保温状态。

（3）打开控制面板上的风机电源开关，让风机工作，同时打开冷流体进口阀，让套管换热器里充有一定量的空气。

（4）打开冷凝水出口阀，排出上次实验余留的冷凝水，在整个实验过程中也保持一定开度。注意开度要适中，开度太大会使换热器中的蒸气跑掉，开度太小会使换热不锈钢管里的蒸气压力过大而导致不锈钢管炸裂。

(5) 在通水蒸气前，也应将蒸气发生器到实验装置之间管道中的冷凝水排除，否则夹带冷凝水的蒸气会损坏压力表及压力变送器。具体排除冷凝水的方法是关闭蒸气进口阀门，打开装置下面的排冷凝水阀门，让蒸气压力把管道中的冷凝水带走，当听到蒸气响时关闭冷凝水排除阀，方可进行下一步实验。

(6) 开始通入蒸气时，要仔细调节蒸气阀的开度，让蒸气徐徐流入换热器中，逐渐充满系统中，使系统由“冷态”转变为“热态”，不得少于10min，防止不锈钢管换热器因突然受热、受压而爆裂。

(7) 上述准备工作结束，系统也处于“热态”后，调节蒸气进口阀，使蒸气进口压力维持在0.01MPa，可通过调节蒸气发生器出口阀及蒸气进口阀开度来实现。

(8) 自动调节冷空气进口流量时，可通过仪表调节风机转速频率来改变冷流体的流量到一定值，在每个流量条件下，均须待热交换过程稳定后方可记录实验数值，一般每个流量下至少应使热交换过程保持15min方视为稳定；改变流量，记录不同流量下的实验数值。

(9) 记录6～8组实验数据，可结束实验。先关闭蒸气发生器，关闭蒸气进口阀，关闭仪表电源，待系统逐渐冷却后关闭风机电源，待冷凝水流尽，关闭冷凝水出口阀，关闭总电源。

(10) 打开实验软件，输入实验数据，进行后续处理。

2. 注意事项

(1) 先打开排冷凝水的阀注意只开一定的开度，开的太大会使换热器里的蒸气跑掉，开的太小会使换热不锈钢管里的蒸气压力增大而使不锈钢管炸裂。

(2) 一定要在套管换热器内管输以一定量的空气后，方可开启蒸气阀门，且必须在排除蒸气管线上原先积存的凝结水后，方可把蒸气通入套管换热器中。

(3) 刚开始通入蒸气时，要仔细调节蒸气进口阀的开度，让蒸气徐徐流入换热器中，逐渐加热，由“冷态”转变为“热态”，不得少于10min，以防止不锈钢管因突然受热、受压而爆裂。

(4) 操作过程中，蒸汽压力一般控制在0.02MPa（表压）以下，否则可能造成不锈钢管爆裂和填料损坏。

(5) 确定各参数时，必须是在稳定传热状态下，随时注意蒸气量的调节和压力表读数的调整。

五、实验数据处理

1. 打开数据处理软件，在教师界面左上“设置”的下拉菜单中输入装置参数管长、管内径以及转子流量计的转子密度。(在本套装置中，管长为1m，管内径为16mm，转子流量计的转子密度为$\rho_f=7.9\times10^3\text{kg/m}^3$)。

2. 数字型装置可以实现数据直接导入实验数据软件，可以表格形式得到本实验所要的最终处理结果，点“显示曲线”，则可得到实验结果的曲线对比图和拟合公式。

3. 数据输入错误或明显不符合实验情况，程序会有警告对话框跳出。每次修改数据后，都应点击“保存数据”，再按2.步中次序，点击“显示结果”和“显示曲线”。

4. 记录软件处理结果，并可作为手算处理的对照。结束，点“退出程序”。

六、实验报告

1. 冷流体给热系数的实验值与理论值列表比较，计算各点误差，并分析讨论。

2. 冷流体给热系数的准数式 $Nu/Pr^{0.4}=ARe^{m}$，由实验数据作图拟合曲线方程，确定式中常数 A 及 m。

3. 以 $\ln(Nu/Pr^{0.4})$ 为纵坐标，$\ln(Re)$ 为横坐标，将两种方法处理实验数据的结果标绘在图上，并与教材中的经验式 $Nu/Pr^{0.4}=0.023Re^{0.8}$ 比较。

七、思考题

1. 实验中冷流体和蒸气的流向对传热效果有何影响？

2. 在计算空气质量流量时所用到的密度值与求雷诺数时的密度值是否一致？它们分别表示什么位置的密度，应在什么条件下进行计算。

3. 实验过程中，冷凝水不及时排走，会产生什么影响？如何及时排走冷凝水？如果采用不同压强的蒸气进行实验，对 α 关联式有何影响？

实验七 填料塔吸收传质系数的测定

一、实验目的

1. 了解填料塔吸收装置的基本结构及流程。

2. 掌握总体积传质系数的测定方法。

3. 了解气相色谱仪和六通阀的使用方法。

二、基本原理

气体吸收是典型的传质过程之一。由于 CO_2 气体无味、无毒、廉价，所以气体吸收实验常选择 CO_2 作为溶质组分，本实验即采用水吸收空气中的 CO_2 组分。一般 CO_2 在水中的溶解度很小，即使预先将一定量的 CO_2 气体通入空气中混合以提高空气中的 CO_2 浓度，水中的 CO_2 含量仍然很低，所以吸收的计算方法可按低浓度来处理，并且此体系 CO_2 气体的解吸过程属于液膜控制，因此，本实验主要测定 K_{xa} 和 H_{OL}。

1. 计算公式

填料层高度 Z 为

$$z=\int_0^Z \mathrm{d}Z=\frac{L}{K_{xa}}\int_{x_2}^{x_1}\frac{\mathrm{d}x}{x-x^*}=H_{OL}\cdot N_{OL} \tag{4-61}$$

式中 L——液体通过塔截面的摩尔流量，$\mathrm{kmol/(m^2 \cdot s)}$；

K_{xa}——以 ΔX 为推动力的液相总体积传质系数，$\mathrm{kmol/(m^3 \cdot s)}$；

H_{OL}——液相总传质单元高度，m；

N_{OL}——液相总传质单元数，无因次。

令吸收因数 $A=L/mG$

$$N_{OL}=\frac{1}{1-A}\ln\left[(1-A)\frac{y_1-mx_2}{y_1-mx_1}+A\right] \tag{4-62}$$

2. 测定方法

(1) 空气流量和水流量的测定。本实验采用转子流量计测得空气和水的流量，并根据实验条件（温度和压力）和有关公式换算成空气和水的摩尔流量。

(2) 测定填料层高度 Z 和塔径 D；

(3) 测定塔顶和塔底气相组成 y_1 和 y_2；

(4) 平衡关系。本实验的平衡关系可写成

$$y=mx \tag{4-63}$$

式中 m——相平衡常数，$m=E/P$；

E——亨利系数，$E=f(t)$，Pa，根据液相温度由相关数据表查得；

P——总压，Pa，取 1atm。

对清水而言，$x_2=0$，由全塔物料衡算

$$G(y_1 - y_2) = L(x_1 - x_2)$$

可得 x_1。

三、实验装置

1. 装置流程

吸收装置流程见图 4-10。

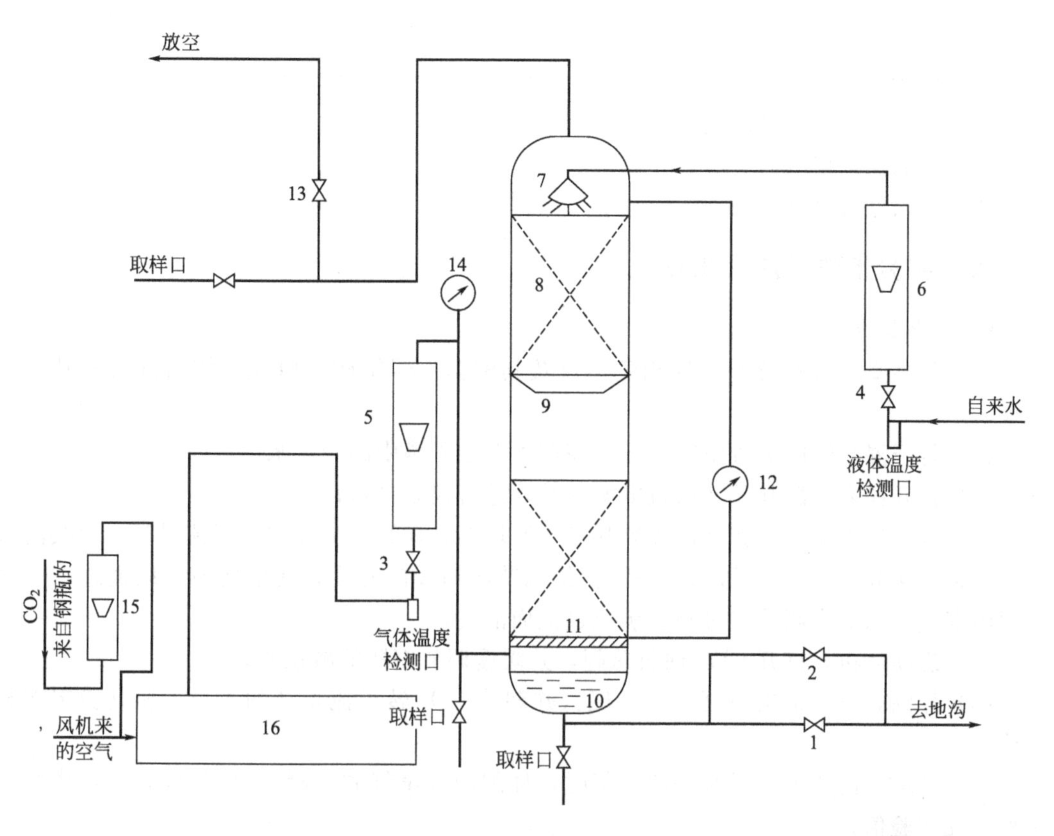

图 4-10　吸收装置流程图

1，2—球阀；3—气体流量调节阀；4—液体流量调节阀；5，6—转子流量计；7—喷淋头；8—填料层；9—液体再分布器；10—塔底；11—支撑板；12—压差计；13—尾气放空阀；14—气压表；15—二氧化碳转子流量计；16—气体中间贮罐

由自来水源来的水送入填料塔塔顶经喷头喷淋在填料顶层；由风机送来的空气与由二氧化碳钢瓶来的二氧化碳混合后，一起进入气体中间贮罐，然后再直接进入塔底，与水在塔内进行逆流接触，进行质量和热量的交换，由塔顶出来的尾气放空。由于本实验为低浓度气体的吸收，所以热量交换可略，整个实验过程看成是等温操作。

2. 主要设备

(1) 吸收塔　高效填料塔，塔径 100mm，塔内装有金属丝网波纹规整填料或 θ 环散装填料，填料层总高度 2000mm。塔顶有液体初始分布器，塔中部有液体再分布器，塔底部有栅板式填料支承装置。填料塔底部有液封装置，以避免气体泄漏。

(2) 填料规格和特性　金属丝网波纹规整填料：型号 JWB-700Y，规格 ϕ100mm×

100mm，比表面积 $700m^2/m^3$。

(3) 转子流量计　实验中测定空气、CO_2、水流量的流量计其参数见表 4-3。

表 4-3　各种流量计参数表

介质	条件			
	常用流量	最小刻度	标定介质	标定条件
空气	$4m^3/h$	$0.1m^3/h$	空气	20℃　1.0133×10^5Pa
CO_2	60L/h	10L/h	空气	20℃　1.0133×10^5Pa
水	600L/h	20L/h	水	20℃　1.0133×10^5Pa

(4) 空气风机　旋涡式气泵。

(5) 二氧化碳钢瓶。

(6) 气相色谱分析仪。

四、实验步骤及注意事项

1. 实验步骤

(1) 熟悉实验流程及弄清气相色谱仪及其配套仪器结构、原理、使用方法及其注意事项；

(2) 打开混合罐底部排空阀，排放掉空气混合贮罐中的冷凝水；

(3) 打开仪表电源开关及风机电源开关，进行仪表自检；

(4) 开启进水阀门，让水进入填料塔润湿填料，仔细调节液体转子流量计，使其流量稳定在某一实验值。(塔底液封控制：仔细调节阀门 2 的开度，使塔底液位缓慢地在一段区间内变化，以免塔底液封过高溢满或过低而泄气)；

(5) 启动风机，打开 CO_2 钢瓶总阀，并缓慢调节钢瓶的减压阀；

(6) 仔细调节风机出口阀门的开度（并调节 CO_2 转子流量计的流量，使其稳定在某一值)；

(7) 待塔中的压力靠近某一实验值时，仔细调节尾气放空阀 13 的开度，直至塔中压力稳定在实验值；

(8) 待塔操作稳定后，读取各流量计的读数及通过温度、压差计、压力表上读取各温度、压力、塔顶塔底压差读数，通过六通阀在线进样，利用气相色谱仪分析出塔顶、塔底气相组成；

(9) 实验完毕，关闭 CO_2 钢瓶和转子流量计、水转子流量计、风机出口阀门，再关闭进水阀门，及风机电源开关，(实验完成后一般先停止水的流量再停止气体的流量，这样做的目的是防止液体从进气口倒压破坏管路及仪器）清理实验仪器和实验场地。

2. 注意事项

(1) 固定好操作点后，应随时注意进行调整以保持各量不变。

(2) 在填料塔操作条件改变后，需要有较长的稳定时间，一定要等到稳定以后方能读取有关数据。

五、实验报告

1. 将原始数据列表。

2. 在双对数坐标纸上绘图表示二氧化碳解吸时体积传质系数、传质单元高度与气体流量的关系。

3. 列出实验结果与计算示例。

六、思考题

1. 本实验中，为什么塔底要有液封？液封高度如何计算？

2. 测定 K_{xa} 有什么工程意义？

3. 为什么二氧化碳吸收过程属于液膜控制？

4. 当气体温度和液体温度不同时，应用什么温度计算亨利系数？

实验八　筛板塔精馏过程实验

一、实验目的

1. 了解筛板精馏塔及其附属设备的基本结构，掌握精馏过程的基本操作方法。

2. 学会判断系统达到稳定的方法，掌握测定塔顶、塔釜溶液浓度的实验方法。

3. 学习测定精馏塔全塔效率和单板效率的实验方法，研究回流比对精馏塔分离效率的影响。

二、基本原理

1. 全塔效率 E_T

全塔效率又称总板效率，是指达到指定分离效果所需理论板数与实际板数的比值，即

$$E_T=\frac{N_T-1}{N_P} \tag{4-64}$$

式中　N_T——完成一定分离任务所需的理论塔板数，(包括蒸馏釜)；

N_P——完成一定分离任务所需的实际塔板数，本装置 $N_P=10$。

全塔效率简单地反映了整个塔内塔板的平均效率，说明了塔板结构、物性系数、操作状况对塔分离能力的影响。对于塔内所需理论塔板数 N_T，可由已知的双组分物系平衡关系，以及实验中测得的塔顶、塔釜出液的组成，回流比 R 和热状况 q 等，用图解法求得。

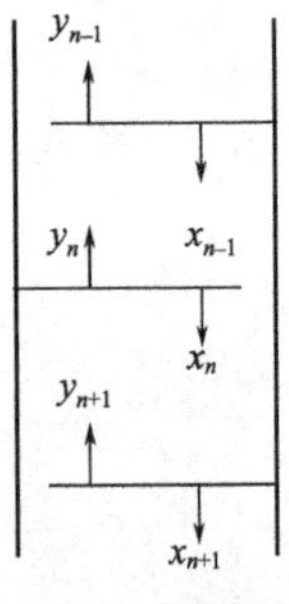

图 4-11　塔板气液流向示意

2. 单板效率 E_M

单板效率又称莫弗里板效率，如图 4-11 所示，是指气相或液相经过一层实际塔板前后的组成变化值与经过一层理论塔板前后的组成变化值之比。

按气相组成变化表示的单板效率为

$$E_{MV}=\frac{y_n-y_{n+1}}{y_n^*-y_{n+1}} \tag{4-65}$$

按液相组成变化表示的单板效率为

$$E_{ML}=\frac{x_{n-1}-x_n}{x_{n-1}-x_n^*} \tag{4-66}$$

式中　y_n，y_{n+1}——离开第 n、$n+1$ 块塔板的气相组成，摩尔分数；

x_{n-1}，x_n——离开第 $n-1$、n 块塔板的液相组成，摩尔分数；

y_n^*——与 x_n 成平衡的气相组成，摩尔分数；

x_n^*——与 y_n 成平衡的液相组成，摩尔分数。

3. 图解法求理论塔板数 N_T

图解法又称麦卡勃-蒂列（McCabe-Thiele）法，简称 M-T 法，其原理与逐板计算法

完全相同，只是将逐板计算过程在 y-x 图上直观地表示出来。

精馏段的操作线方程为

$$y_{n+1}=\frac{R}{R+1}x_n+\frac{x_D}{R+1} \tag{4-67}$$

式中　y_{n+1}——精馏段第 $n+1$ 块塔板上升的蒸汽组成，摩尔分数；

x_n——精馏段第 n 块塔板下流的液体组成，摩尔分数；

x_D——塔顶溜出液的液体组成，摩尔分数；

R——泡点回流下的回流比。

提馏段的操作线方程为

$$y_{m+1}=\frac{L'}{L'-W}x_m-\frac{Wx_W}{L'-W} \tag{4-68}$$

式中　y_{m+1}——提馏段第 $m+1$ 块塔板上升的蒸汽组成，摩尔分数；

x_m——提馏段第 m 块塔板下流的液体组成，摩尔分数；

x_W——塔底釜液的液体组成，摩尔分数；

L'——提馏段内下流的液体量，kmol/s；

W——釜液流量，kmol/s。

加料线（q 线）方程可表示为

$$y=\frac{q}{q-1}x-\frac{x_F}{q-1} \tag{4-69}$$

其中

$$q=1+\frac{c_{p_F}(t_S-t_F)}{r_F} \tag{4-70}$$

式中　q——进料热状况参数；

r_F——进料液组成下的汽化潜热，kJ/kmol；

t_S——进料液的泡点温度，℃；

t_F——进料液温度，℃；

c_{p_F}——进料液在平均温度（t_S-t_F）/2 下的比热容，kJ/(kmol·℃)；

x_F——进料液组成，摩尔分数。

回流比 R 的确定

$$R=\frac{L}{D} \tag{4-71}$$

式中　L——回流液量，kmol/s；

D——馏出液量，kmol/s。

式(4-71) 只适用于泡点下回流时的情况，而实际操作时为了保证上升气流能完全冷凝，冷却水量一般都比较大，回流液温度往往低于泡点温度，即冷液回流。

如图 4-12 所示，从全凝器出来的温度为 t_R、流量为 L 的液体回流进入塔顶第 1 块板，由于回流温度低于第 1 块塔板上的液相温度，离开第 1 块塔板的一部分上升蒸汽将被冷凝成液体，这样，塔内的实际流量将大于塔外回流量。

对第 1 块板作物料、热量衡算

$$V_1+L_1=V_2+L \tag{4-72}$$

$$V_1I_{V1}+L_1I_{L1}=V_2I_{V2}+LI_L \tag{4-73}$$

对式(4-72)、式(4-73) 整理、化简后，近似可得

$$L_1 \approx L\left[1+\frac{c_p(t_{1L}-t_R)}{r}\right] \tag{4-74}$$

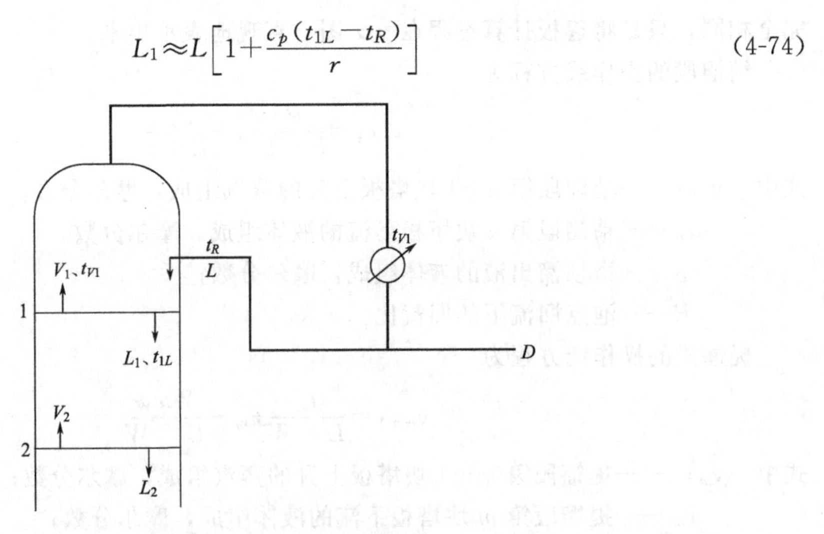

图 4-12　塔顶回流示意图

即实际回流比

$$R_1=\frac{L_1}{D} \tag{4-75}$$

$$R_1=\frac{L\left[1+\frac{c_p(t_{1L}-t_R)}{r}\right]}{D} \tag{4-76}$$

式中　V_1、V_2——离开第 1、2 块板的气相摩尔流量，kmol/s；

L_1——塔内实际液流量，kmol/s；

I_{V1}，I_{V2}，I_{L1}，I_L——指对应 V_1、V_2、L_1、L 下的焓值，kJ/kmol；

r——回流液组成下的汽化潜热，kJ/kmol；

c_p——回流液在 t_{1L} 与 t_R 平均温度下的平均比热容，kJ/(kmol・℃)。

(1) 全回流操作

在精馏全回流操作时，操作线在 y-x 图上为对角线，如图 4-13 所示，根据塔顶、塔釜的组成在操作线和平衡线间作梯级，即可得到理论塔板数。

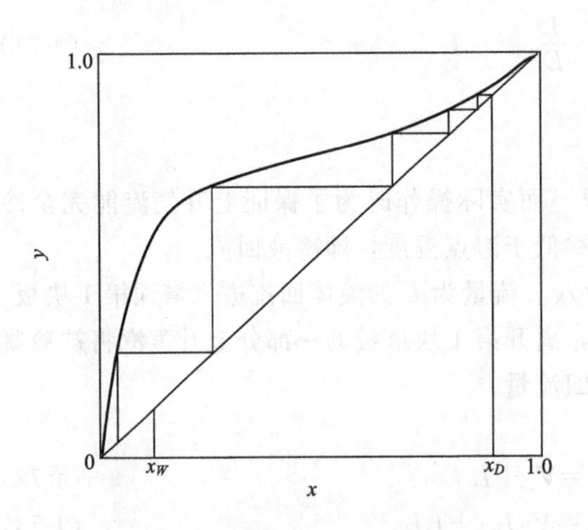

图 4-13　全回流时理论板数的确定

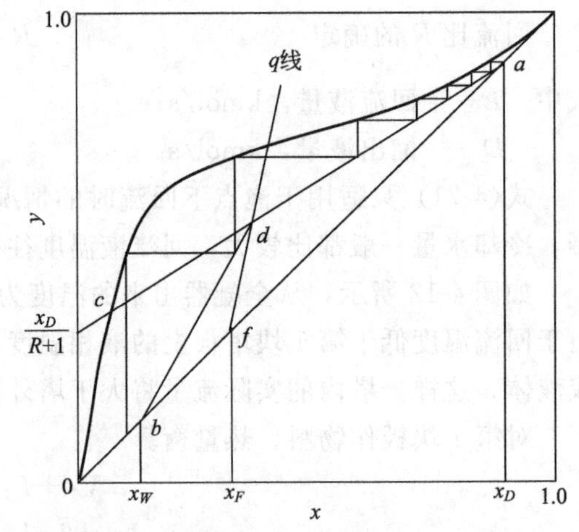

图 4-14　部分回流时理论板数的确定

（2）部分回流操作

部分回流操作时，如图 4-14 所示，图解法的主要步骤为：

① 根据物系和操作压力在 y-x 图上作出相平衡曲线，并画出对角线作为辅助线；

② 在 x 轴上定出 $x=x_D$、x_F、x_W 3 点，依次通过这 3 点作垂线分别交对角线于点 a、f、b；

③ 在 y 轴上定出 $y_C=x_D/(R+1)$ 的点 c，连接 a、c 作出精馏段操作线；

④ 由进料热状况求出 q 线的斜率 $q/(q-1)$，过点 f 作出 q 线交精馏段操作线于点 d；

⑤ 连接点 d、b 作出提馏段操作线；

⑥ 从点 a 开始在平衡线和精馏段操作线之间画阶梯，当梯级跨过点 d 时，就改在平衡线和提馏段操作线之间画阶梯，直至梯级跨过点 b 为止；

⑦ 所画的总阶梯数就是全塔所需的理论塔板数（包含再沸器），跨过点 d 的那块板就是加料板，其上的阶梯数为精馏段的理论塔板数。

三、实验装置及流程

本实验装置的主体设备是筛板精馏塔，配套的有加料系统、回流系统、产品出料管路、残液出料管路、进料泵和一些测量、控制仪表。装置具体情况如图 4-15 所示。

筛板塔主要结构参数：塔内径 $D=68\text{mm}$，厚度 $\delta=2\text{mm}$，塔节 $\phi76\text{mm}\times4\text{m}$，塔板数 $N=10$ 块，板间距 $H_T=100\text{mm}$。加料位置由下向上起数第 3 块和第 5 块板。降液管采用弓形，齿形堰，堰长 56mm，堰高 7.3mm，齿深 4.6mm，齿数 9 个。降液管底隙 4.5mm。筛孔直径 $d_0=1.5\text{mm}$，正三角形排列，孔间距 $t=5\text{mm}$，开孔数为 74 个。塔釜为内电加热式，加热功率 2.5kW，有效容积为 10L。塔顶冷凝器、塔釜换热器均为盘管式。单板取样为自下而上第 1 块和第 10 块，斜向上为液相取样口，水平管为气相取样口。

本实验料液为乙醇水溶液，釜内液体由电加热器产生蒸汽逐板上升，经与各板上的液体传质后，进入盘管式换热器壳程，冷凝成液体后再从集液器流出，一部分作为回流液从塔顶流入塔内，另一部分作为产品馏出，进入产品贮罐，残液经釜液转子流量计流入釜液贮罐。

四、实验步骤及注意事项

本实验的主要操作步骤如下：

1. 全回流

（1）配制浓度 10%～20%（体积百分比）的料液加入贮罐中，打开进料管路上的阀门，由进料泵将料液打入塔釜，至釜容积的 2/3 处（由塔釜液位计可观察）。

（2）关闭塔身进料管路上的阀门，启动电加热管电源，调节加热电压至适中位置，使塔釜温度缓慢上升（因塔中部玻璃部分较为脆弱，若加热过快玻璃极易碎裂，使整个精馏塔报废，故升温过程应尽可能缓慢）。

（3）打开塔顶冷凝器的冷却水，调节合适冷凝量，并关闭塔顶出料管路，使整塔处于全回流状态。

（4）当塔顶温度、回流量和塔釜温度稳定后，分别在塔顶与塔釜中取样，送色谱分析仪分析塔顶液浓度 X_D 和塔釜液浓度 X_W。

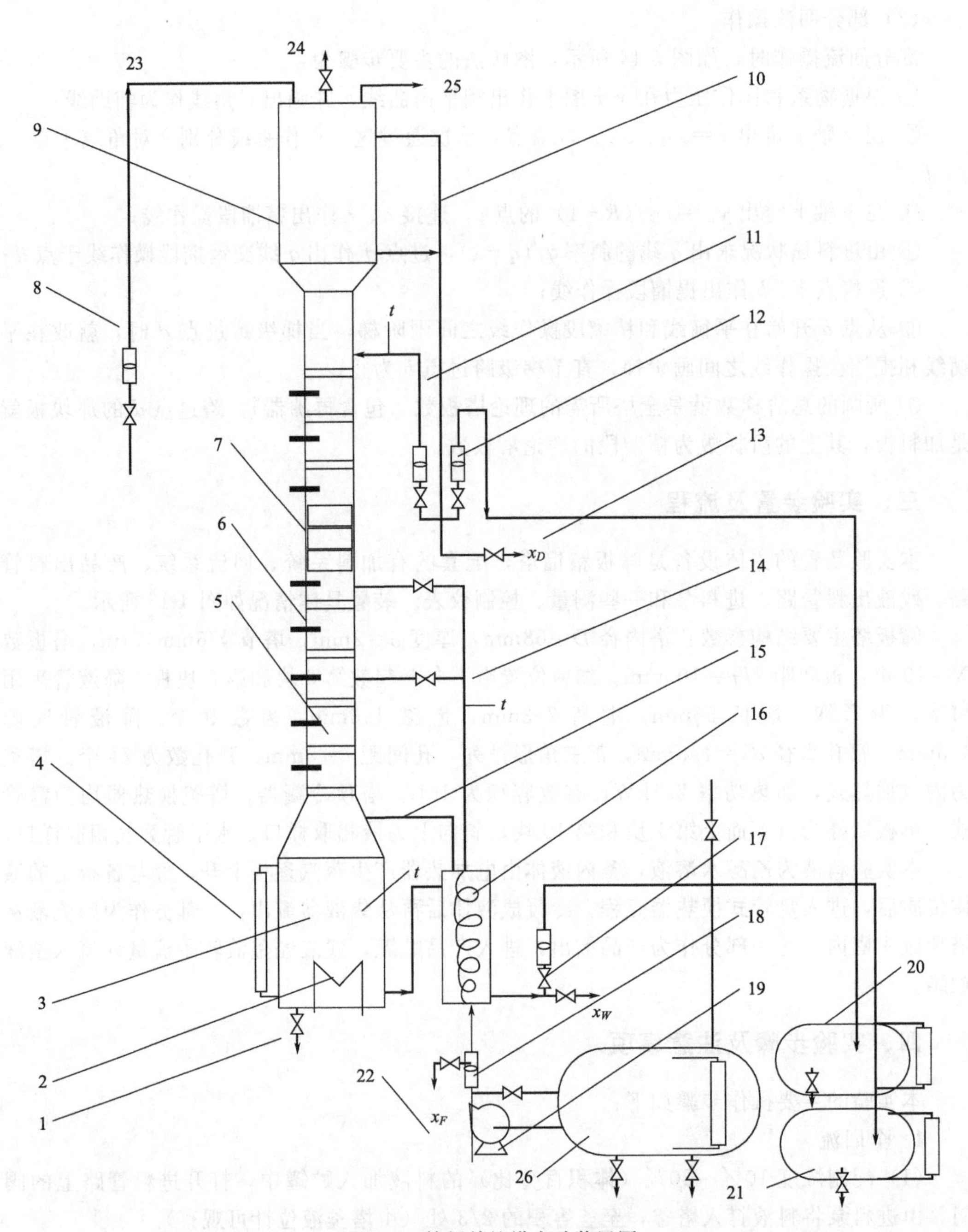

图 4-15　筛板精馏塔实验装置图

1—塔釜排液口；2—电加热器；3—塔釜；4—塔釜液位计；5—塔板；6—温度计；7—窥视节；8—冷却水流量计；9—盘管冷凝器；10—塔顶平衡管；11—回流液流量计；12—塔顶出料流量计；13—产品取样口；14—进料管路；15—塔釜平衡管；16—盘管加热器；17—塔釜出料流量计；18—进料流量计；19—进料泵；20—产品储槽；21—残液储槽；22—料液取样口；23—冷却水进口；24—惰性气体出口；25—冷却水出口；26—进料贮罐

2. 部分回流

(1) 在储料罐中配制一定浓度的乙醇水溶液（约10%～20%）。

（2）待塔全回流操作稳定时，打开进料阀，调节进料量至适当的流量。

（3）控制塔顶回流和出料两转子流量计，调节回流比 $R(R=1\sim4)$。

（4）当塔顶、塔内温度读数稳定后即可取样。

3. 取样与分析

（1）进料、塔顶、塔釜从各相应的取样阀取样。

（2）塔板取样用注射器从所测定的塔板中缓缓抽出，取 1ml 左右注入事先洗净烘干的针剂瓶中，并给该瓶盖标号以免出错，各个样品尽可能同时取样。

（3）将样品进行色谱分析。

4. 注意事项

（1）塔顶放空阀一定要打开，否则容易因塔内压力过大导致危险。

（2）料液一定要加到设定液位 2/3 处方可打开加热管电源，否则塔釜液位过低会使电加热丝露出干烧致坏。

五、实验报告

1. 将塔顶、塔底温度和组成，以及各流量计读数等原始数据列表。

2. 按全回流和部分回流分别用图解法计算理论板数。

3. 计算全塔效率和单板效率。

4. 分析并讨论实验过程中观察到的现象。

六、思考题

1. 测定全回流和部分回流总板效率与单板效率时各需测几个参数？取样位置在何处？

2. 全回流时测得板式塔上第 n、$n-1$ 层液相组成后，如何求得 x_n^*，部分回流时，又如何求 x_n^*？

3. 在全回流时，测得板式塔上第 n、$n-1$ 层液相组成后，能否求出第 n 层塔板上的以气相组成变化表示的单板效率？

4. 查取进料液的汽化潜热时定性温度取何值？

5. 若测得单板效率超过 100%，作何解释？

6. 试分析实验结果成功或失败的原因，提出改进意见。

实验九　填料塔精馏过程实验

一、实验目的

1. 了解填料精馏塔及其附属设备的基本结构，掌握精馏过程的基本操作方法。

2. 学会判断系统达到稳定的方法，掌握测定塔顶、塔釜溶液浓度的实验方法。

3. 掌握保持其它条件不变下调节回流比的方法，研究回流比对精馏塔分离效率的影响。

4. 掌握用图解法求取理论板数的方法，并计算等板高度（HETP）。

二、基本原理

填料塔属连续接触式传质设备，填料精馏塔与板式精馏塔的不同之处在于塔内气液相浓度前者呈连续变化，后者呈逐级变化。等板高度（HETP）是衡量填料精馏塔分离效果的一个关键参数，等板高度越小，填料层的传质分离效果就越好。

1. 等板高度（HETP）

HETP 是指与一层理论塔板的传质作用相当的填料层高度。它的大小，不仅取决于填料的类型、材质与尺寸，而且受系统物性、操作条件及塔设备尺寸的影响。对于双组分体系，根据其物料关系 x_n，通过实验测得塔顶组成 x_D、塔釜组成 x_W、进料组成 x_F 及进料热状况 q、回流比 R 和填料层高度 Z 等有关参数，用图解法求得其理论板 N_T 后，即可用式(4-77) 确定。

$$\text{HETP}=Z/N_T \tag{4-77}$$

2. 图解法求理论塔板数 N_T

图解法又称麦卡勃-蒂列（McCabe-Thiele）法，简称 M-T 法，其原理与逐板计算法完全相同，只是将逐板计算过程在 y-x 图上直观地表示出来。

精馏段的操作线方程为

$$y_{n+1}=\frac{R}{R+1}x_n+\frac{x_D}{R+1} \tag{4-78}$$

式中　y_{n+1}——精馏段第 $n+1$ 块塔板上升的蒸汽组成，摩尔分数；

x_n——精馏段第 n 块塔板下流的液体组成，摩尔分数；

x_D——塔顶溜出液的液体组成，摩尔分数；

R——泡点回流下的回流比。

提馏段的操作线方程为

$$y_{m+1}=\frac{L'}{L'-W}x_m-\frac{Wx_W}{L'-W} \tag{4-79}$$

式中　y_{m+1}——提馏段第 $m+1$ 块塔板上升的蒸汽组成，摩尔分数；

x_m——提馏段第 m 块塔板下流的液体组成，摩尔分数；

x_W——塔底釜液的液体组成，摩尔分数；

L'——提馏段内下流的液体量，kmol/s；

W——釜液流量，kmol/s。

加料线（q线）方程可表示为

$$y=\frac{q}{q-1}x-\frac{x_F}{q-1} \tag{4-80}$$

其中

$$q=1+\frac{c_{p_F}(t_S-t_F)}{r_F} \tag{4-81}$$

式中　q——进料热状况参数；

r_F——进料液组成下的汽化潜热，kJ/kmol；

t_S——进料液的泡点温度，℃；

t_F——进料液温度，℃；

c_{p_F}——进料液在平均温度$(t_S-t_F)/2$下的比热容，kJ/(kmol·℃)；

x_F——进料液组成，摩尔分数。

回流比R的确定

$$R=\frac{L}{D} \tag{4-82}$$

式中　L——回流液量，kmol/s；

D——馏出液量，kmol/s。

式(4-82)只适用于泡点下回流时的情况，而实际操作时为了保证上升气流能完全冷凝，冷却水量一般都比较大，回流液温度往往低于泡点温度，即冷液回流。如图4-16所示，从全凝器出来的温度为t_R、流量为L的液体回流进入塔顶第1块板，由于回流温度低于第1块塔板上的液相温度，离开第1块塔板的一部分上升蒸汽将被冷凝成液体，这样，塔内的实际流量将大于塔外回流量。

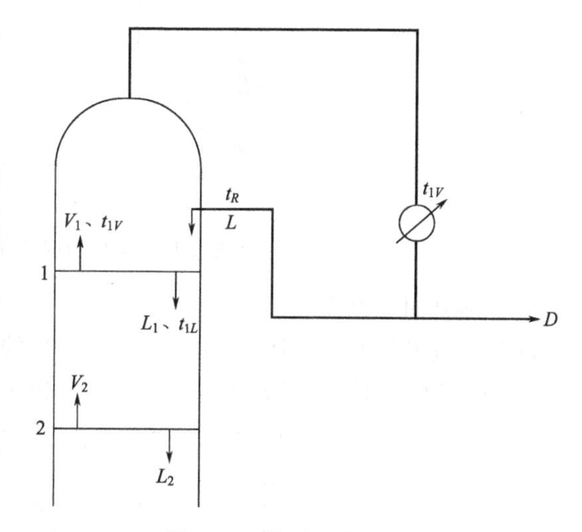

图4-16　塔顶回流示意图

对第1块板作物料、热量衡算

$$V_1+L_1=V_2+L \tag{4-83}$$

$$V_1I_{V1}+L_1I_{L1}=V_2I_{V2}+LI_L \tag{4-84}$$

对式(4-83)、式(4-84)整理、化简后，近似可得

$$L_1\approx L\left[1+\frac{c_p(t_{1L}-t_R)}{r}\right] \tag{4-85}$$

即实际回流比

$$R_1=\frac{L_1}{D} \tag{4-86}$$

$$=\frac{L\left[1+\frac{c_p(t_{1L}-t_R)}{r}\right]}{D} \tag{4-87}$$

式中　　V_1，V_2——离开第 1、2 块板的气相摩尔流量，kmol/s；

L_1——塔内实际液流量，kmol/s；

I_{V1}，I_{V2}，I_{L1}，I_L——指对应 V_1、V_2、L_1、L 下的焓值，kJ/kmol；

r——回流液组成下的汽化潜热，kJ/kmol；

c_p——回流液在 t_{1L} 与 t_R 平均温度下的平均比热容，kJ/(kmol・℃)。

(1) 全回流操作

在精馏全回流操作时，操作线在 y-x 图上为对角线，如图 4-17 所示，根据塔顶、塔釜的组成在操作线和平衡线间作梯级，即可得到理论塔板数。

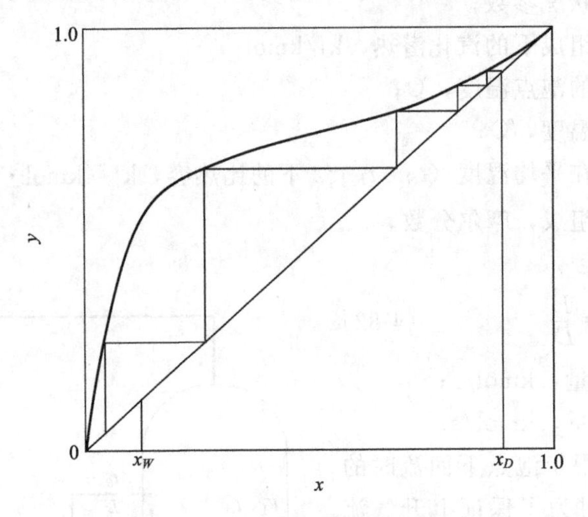

图 4-17　全回流时理论板数的确定

(2) 部分回流操作

部分回流操作时，如图 4-18 所示，图解法的主要步骤为

① 根据物系和操作压力在 y-x 图上作出相平衡曲线，并画出对角线作为辅助线；

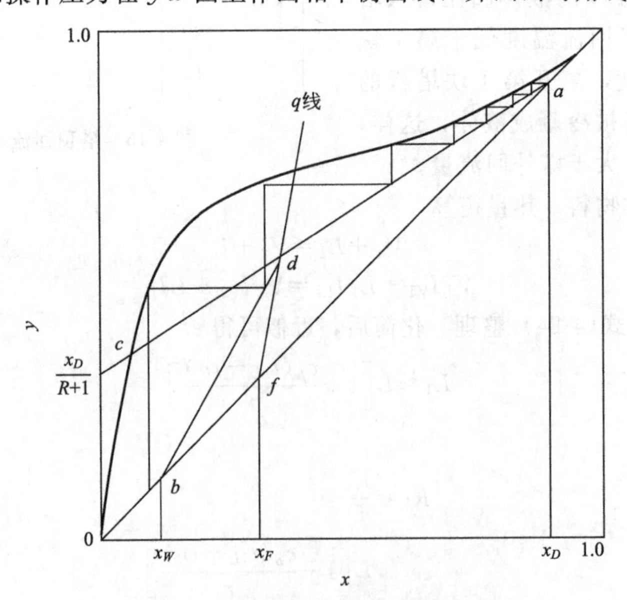

图 4-18　部分回流时理论板数的确定

② 在 x 轴上定出 $x=x_D$、x_F、x_W 3 点，依次通过这 3 点作垂线分别交对角线于点 a、f、b；

③ 在 y 轴上定出 $y_C=x_D/(R+1)$ 的点 c，连接 a、c 作出精馏段操作线；

④ 由进料热状况求出 q 线的斜率 $q/(q-1)$，过点 f 作出 q 线交精馏段操作线于点 d；

⑤ 连接点 d、b 作出提馏段操作线；

⑥ 从点 a 开始在平衡线和精馏段操作线之间画阶梯，当梯级跨过点 d 时，就改在平衡线和提馏段操作线之间画阶梯，直至梯级跨过点 b 为止；

⑦ 所画的总阶梯数就是全塔所需的理论塔板数（包含再沸器），跨过点 d 的那块板就是加料板，其上的阶梯数为精馏段的理论塔板数。

三、实验装置及流程

本实验装置的主体设备是填料精馏塔，配套的有加料系统、回流系统、产品出料管路、残液出料管路、进料泵和一些测量、控制仪表。精馏装备装置如图 4-19 所示。

本实验料液为乙醇溶液，由进料泵打入塔内，釜内液体由电加热器加热汽化，经填料层内填料完成传质传热过程，进入盘管式换热器管程，壳层的冷却水将其全部冷凝成液体，再从集液器流出，一部分作为回流液从塔顶流入塔内，另一部分作为产品馏出，进入产品贮罐，残液经釜液转子流量计流入釜液贮罐。

填料精馏塔主要结构参数：塔内径 $D=68$mm，塔内填料层总高 $Z=2$m（乱堆），填料为 θ 环。进料位置距填料层顶面 1.2m 处。塔釜为内电加热式，加热功率 4.5kW，有效容积为 9.8L。塔顶冷凝器为盘管式换热器。

四、实验步骤及注意事项

本实验的主要操作步骤如下

1. 全回流

（1）在料液罐中配制浓度 10%～20%（酒精的体积百分比）的料液，由进料泵打入塔釜中，至釜容积的 2/3 处，料液浓度以塔运行后取样口色谱分析为准。

（2）检查各阀门位置处于关闭状态，启动电加热管电源，使塔釜温度缓慢上升。至窥视节内有液体回流可观察到窥视节中有液体下流，塔顶放空阀中也有液滴落下，开冷却水水源，打开冷却水进出口阀门，通过调节水进口处转子流量计，使放空阀中液滴间断性的下落即可。建议冷却水流量为 40～60m^3/h 左右，过大则使塔顶蒸汽冷凝液溢流回塔内，过小则使塔顶蒸汽由放空阀直接大量溢出。

（3）当塔顶温度、回流量和塔釜温度稳定后，分别在塔顶与塔釜中取样，送色谱分析仪分析塔顶液浓度 X_D 和塔釜液浓度 X_W。

2. 部分回流

（1）在储料罐中配制一定浓度的酒精-水溶液（约 10%～20%）。

（2）待塔全回流操作稳定时，打开进料阀，调节进料量至适当的流量，建议流量为 10～16L/h。

（3）启动回流比控制器电源，设定回流比 R（$R=1$～4），调节塔顶回流液流量，建议

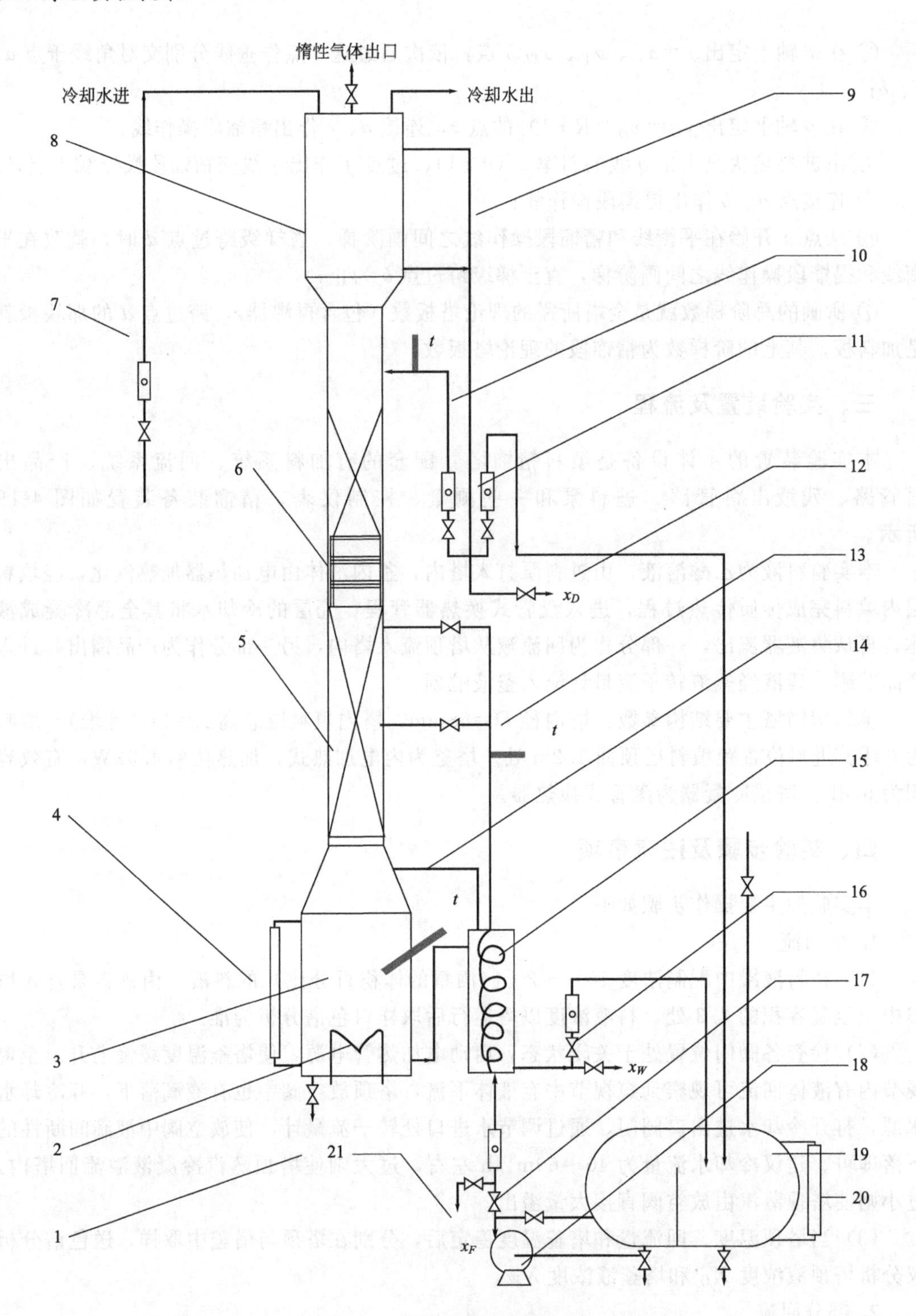

图 4-19　填料塔精馏装置示意图

1—塔釜排液口；2—电加热器；3—塔釜；4—塔釜液位计；5—θ 填料；6—窥视节；7—冷却水流量计；8—盘管冷凝器；9—塔顶平衡管；10—回流液流量计；11—塔顶出料流量计；12—产品取样口；13—进料管路；14—塔釜平衡管；15—盘管换热器；16—塔釜出料流量计；17—进料流量计；18—进料泵；19—产品、残液储槽；20—料槽液位计；21—料液取样口

流量为 6～8L/h，打开塔釜回流转子流量计阀门。

（4）当塔顶、塔内温度读数稳定，各转子流量计读数稳定后即可取样。

3. 取样与分析

（1）进料、塔顶、塔釜从各相应的取样阀取样。

（2）取样前应先放空取样管路中残液，再用取样液润洗试管，最后取 10mL 左右样品，并给该瓶盖标号以免出错，各个样品尽可能同时取样。

（3）将样品进行色谱分析。

4. 注意事项

（1）塔顶放空阀一定要打开，否则容易因塔内压力过大导致危险。

（2）料液一定要加到设定液位 2/3 处方可打开加热管电源，否则塔釜液位过低会使电加热丝露出干烧致坏。

五、实验报告

1. 将塔顶、塔底温度和组成，以及各流量计读数等原始数据列表。

2. 按全回流和部分回流分别用图解法计算理论板数。

3. 计算等板高度（HETP）。

4. 分析并讨论实验过程中观察到的现象。

六、思考题

1. 欲知全回流与部分回流时的等板高度，各需测取哪几个参数？取样位置应在何处？

2. 试分析实验结果成功或失败的原因，提出改进意见。

实验十　洞道干燥实验——干燥特性曲线的测定

一、实验目的

1. 了解洞道式干燥装置的基本结构、工艺流程和操作方法。

2. 学习测定物料在恒定干燥条件下干燥特性的实验方法。

3. 掌握根据实验干燥曲线求取干燥速率曲线以及恒速阶段干燥速率、临界含水量、平衡含水量的实验分析方法。

4. 实验研究干燥条件对于干燥过程特性的影响。

二、基本原理

在设计干燥器的尺寸或确定干燥器的生产能力时，被干燥物料在给定干燥条件下的干燥速率、临界湿含量和平衡湿含量等干燥特性数据是最基本的技术依据参数。由于实际生产中的被干燥物料的性质千变万化，因此对于大多数具体的被干燥物料而言，其干燥特性数据常常需要通过实验测定。

按干燥过程中空气状态参数是否变化，可将干燥过程分为恒定干燥条件操作和非恒定干燥条件操作两大类。若用大量空气干燥少量物料，则可以认为湿空气在干燥过程中温度、湿度均不变，再加上气流速度、与物料的接触方式不变，则称这种操作为恒定干燥条件下的干燥操作。

1. 干燥速率的定义

干燥速率的定义为单位干燥面积（提供湿分汽化的面积）、单位时间内所除去的湿分质量，即

$$U=\frac{\mathrm{d}W}{A\,\mathrm{d}\tau}=-\frac{G_C\,\mathrm{d}X}{A\,\mathrm{d}\tau} \tag{4-88}$$

式中　U——干燥速率，又称干燥通量，$\mathrm{kg/(m^2 \cdot s)}$；

A——干燥表面积，$\mathrm{m^2}$；

W——汽化的湿分量，kg；

τ——干燥时间，s；

G_C——绝干物料的质量，kg；

X——物料湿含量，kg 湿分/kg 干物料，负号表示 X 随干燥时间的增加而减少。

2. 干燥速率的测定方法

将湿物料试样置于恒定空气流中进行干燥实验，随着干燥时间的延长，水分不断汽化，湿物料质量减少。若记录物料不同时间下质量 G，直到物料质量不变为止，也就是物料在该条件下达到干燥极限为止，此时留在物料中的水分就是平衡水分 X^*。再将物料烘干后称量得到绝干物料质量 G_C，则物料中瞬间含水率 X 为

$$X=\frac{G-G_C}{G_C} \tag{4-89}$$

计算出每一时刻的瞬间含水率 X，然后将 X 对干燥时间 τ 作图，如图 4-20 所示，即为干燥曲线。

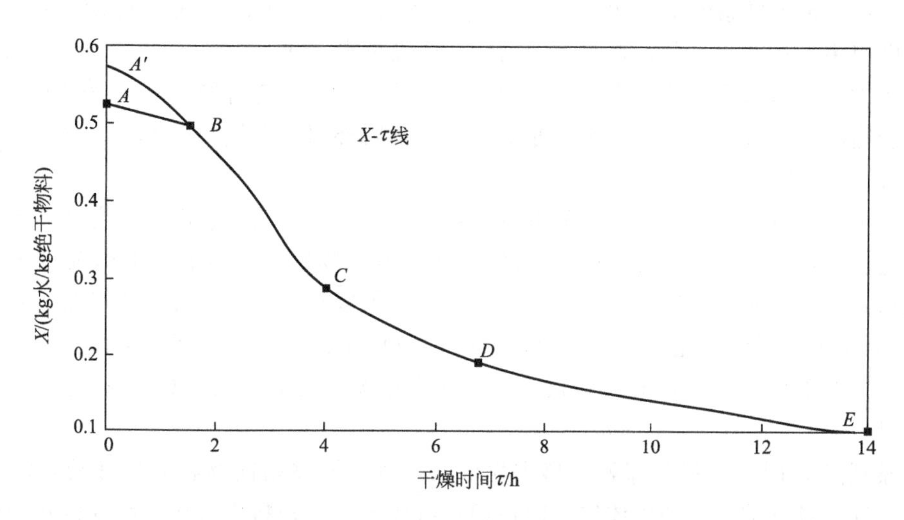

图 4-20　恒定干燥条件下的干燥曲线

上述干燥曲线还可以变换得到干燥速率曲线。由已测得的干燥曲线求出不同 X 下的斜率 $\frac{dX}{d\tau}$，再由式(4-88) 计算得到干燥速率 U，将 U 对 X 作图，就是干燥速率曲线，如图 4-21 所示。

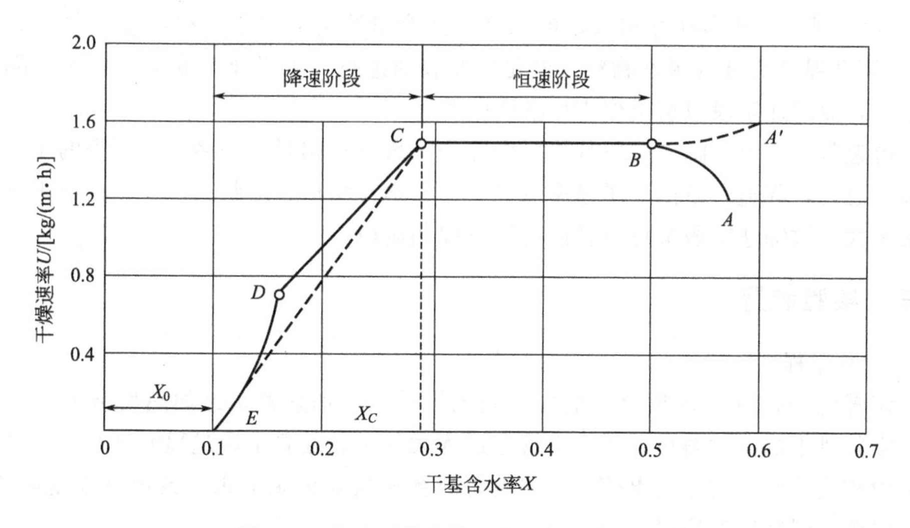

图 4-21　恒定干燥条件下的干燥速率曲线

3. 干燥过程分析

预热段　见图 4-20、图 4-21 中的 AB 段或 $A'B$ 段。物料在预热段中，含水率略有下降，温度则升至湿球温度 t_W，干燥速率可能呈上升趋势变化，也可能呈下降趋势变化。预热段经历的时间很短，通常在干燥计算中忽略不计，有些干燥过程甚至没有预热段。本实验中也没有预热段。

恒速干燥阶段　见图4-20、图4-21中的BC段。该段物料水分不断汽化，含水率不断下降。但由于这一阶段去除的是物料表面附着的非结合水分，水分去除的机理与纯水的相同，故在恒定干燥条件下，物料表面始终保持为湿球温度t_W，传质推动力保持不变，因而干燥速率也不变。于是，在图4-21中，BC段为水平线。

只要物料表面保持足够湿润，物料的干燥过程中总有恒速阶段。而该段的干燥速率大小取决于物料表面水分的汽化速率，亦即决定于物料外部的空气干燥条件，故该阶段又称为表面汽化控制阶段。

降速干燥阶段　随着干燥过程的进行，物料内部水分移动到表面的速度赶不上表面水分的汽化速率，物料表面局部出现"干区"，尽管这时物料其余表面的平衡蒸气压仍与纯水的饱和蒸气压相同、传质推动力也仍为湿度差，但以物料全部外表面计算的干燥速率因"干区"的出现而降低，此时物料中的含水率称为临界含水率，用X_C表示，对应图4-21中的C点，称为临界点。过C点以后，干燥速率逐渐降低至D点，C至D阶段称为降速第1阶段。

干燥到点D时，物料全部表面都成为干区，汽化面逐渐向物料内部移动，汽化所需的热量必须通过已被干燥的固体层才能传递到汽化面；从物料中汽化的水分也必须通过这层干燥层才能传递到空气主流中，干燥速率因热、质传递的途径加长而下降。此外，在点D以后，物料中的非结合水分已被除尽，接下去所汽化的是各种形式的结合水，因而，平衡蒸气压将逐渐下降，传质推动力减小，干燥速率也随之较快降低，直至到达点E时，速率降为零。这一阶段称为降速第2阶段。

降速阶段干燥速率曲线的形状随物料内部的结构而异，不一定都呈现前面所述的曲线CDE形状。对于某些多孔性物料，可能降速两个阶段的界限不是很明显，曲线好像只有CD段；对于某些无孔性吸水物料，汽化只在表面进行，干燥速率取决于固体内部水分的扩散速率，故降速阶段只有类似DE段的曲线。

与恒速阶段相比，降速阶段从物料中除去的水分量相对少许多，但所需的干燥时间却长得多。总之，降速阶段的干燥速率取决于物料本身结构、形状和尺寸，而与干燥介质状况关系不大，故降速阶段又称物料内部迁移控制阶段。

三、实验装置

1. 装置流程

本装置流程如图4-22所示。空气由鼓风机送入电加热器，经加热后流入干燥室，加热干燥室料盘中的湿物料后，经排出管道通入大气中。随着干燥过程的进行，物料失去的水分量由称重传感器转化为电信号，并由智能数显仪表记录下来（或通过固定间隔时间，读取该时刻的湿物料的质量）。

2. 主要设备及仪器

(1) 鼓风机　BYF7122，370W；

(2) 电加热器　额定功率4.5kW；

(3) 干燥室　180mm×180mm×1250mm；

(4) 干燥物料　湿毛毡或湿砂；

(5) 称重传感器　CZ500型，0～300g。

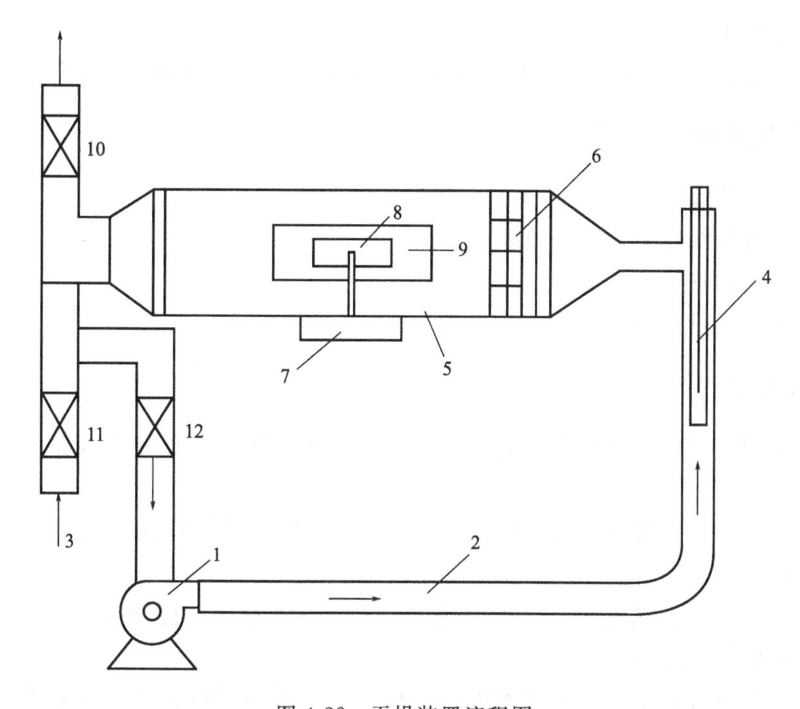

图 4-22 干燥装置流程图

1—风机；2—管道；3—进风口；4—加热器；5—厢式干燥器；6—气流均布器；
7—称重传感器；8—湿毛毡；9—玻璃视镜门；10,11,12—蝶阀

四、实验步骤及注意事项

1. 实验步骤

(1) 放置托盘，开启总电源，开启风机电源。

(2) 打开仪表电源开关，加热器通电加热，旋转加热按钮至适当加热电压（根据实验室室温和实验讲解时间长短）。在U形湿漏斗中加入一定水量，并关注干球温度，干燥室温度（干球温度）要求达到恒定温度（例如70℃）。

(3) 将毛毡加入一定量的水并使其润湿均匀，注意水量不能过多或过少。

(4) 当干燥室温度恒定在70℃时，将湿毛毡十分小心地放置于称重传感器上。放置毛毡时应特别注意不能用力下压，因称重传感器的测量上限仅为300g，用力过大容易损坏称重传感器。

(5) 记录时间和脱水量，每分钟记录一次质量数据；每两分钟记录一次干球温度和湿球温度。

(6) 待毛毡恒重时，即为实验终了时，关闭仪表电源，注意保护称重传感器，非常小心地取下毛毡。

(7) 关闭风机，切断总电源，清理实验设备。

2. 注意事项

(1) 必须先开风机，后开加热器，否则加热管可能会被烧坏。

(2) 特别注意传感器的负荷量仅为300g，放取毛毡时必须十分小心，绝对不能下压，

以免损坏称重传感器。

（3）实验过程中，不要拍打、碰扣装置面板，以免引起料盘晃动，影响结果。

五、实验报告

1. 绘制干燥曲线（失水量-时间关系曲线）；

2. 根据干燥曲线作干燥速率曲线；

3. 读取物料的临界湿含量；

4. 对实验结果进行分析讨论。

六、思考题

1. 什么是恒定干燥条件？本实验装置中采用了哪些措施来保持干燥过程在恒定干燥条件下进行？

2. 控制恒速干燥阶段速率的因素是什么？控制降速干燥阶段干燥速率的因素又是什么？

3. 为什么要先启动风机，再启动加热器？实验过程中干、湿球温度计是否变化？为什么？如何判断实验已经结束？

4. 若加大热空气流量，干燥速率曲线有何变化？恒速干燥速率、临界湿含量又如何变化？为什么？

实验十一　流化床干燥实验

一、实验目的

1. 了解流化床干燥装置的基本结构、工艺流程和操作方法。

2. 学习测定物料在恒定干燥条件下干燥特性的实验方法。

3. 掌握根据实验干燥曲线求取干燥速率曲线以及恒速阶段干燥速率、临界含水量、平衡含水量的实验分析方法。

4. 实验研究干燥条件对于干燥过程特性的影响。

二、基本原理

在设计干燥器的尺寸或确定干燥器的生产能力时，被干燥物料在给定干燥条件下的干燥速率、临界湿含量和平衡湿含量等干燥特性数据是最基本的技术依据参数。由于实际生产中被干燥物料的性质千变万化，因此对于大多数具体的被干燥物料而言，其干燥特性数据常常需要通过实验测定而取得。

按干燥过程中空气状态参数是否变化，可将干燥过程分为恒定干燥条件操作和非恒定干燥条件操作两大类。若用大量空气干燥少量物料，则可以认为湿空气在干燥过程中温度、湿度均不变，再加上气流速度以及气流与物料的接触方式不变，则称这种操作为恒定干燥条件下的干燥操作。

1. 干燥速率的定义

干燥速率定义为单位干燥面积（提供湿分汽化的面积）、单位时间内所除去的湿分质量，即

$$U=\frac{\mathrm{d}W}{A\mathrm{d}\tau}=-\frac{G_C\mathrm{d}X}{A\mathrm{d}\tau} \tag{4-90}$$

式中　U——干燥速率，又称干燥通量，kg/(m² · s)；

A——干燥表面积，m²；

W——汽化的湿分量，kg；

τ——干燥时间，s；

G_C——绝干物料的质量，kg；

X——物料湿含量，kg 湿分/kg 干物料，负号表示 X 随干燥时间的增加而减少。

2. 干燥速率的测定方法

（1）方法一

① 将电子天平开启，待用。

② 将快速水分测定仪开启，待用。

③ 准备 0.5～1kg 的湿物料，待用。

④ 开启风机，调节风量至 40～60m³/h，打开加热器加热。待热风温度恒定后（通常

可设定在70～80℃)，将湿物料加入流化床中，开始计时，每过4min取出10g左右的物料，同时读取床层温度。将取出的湿物料在快速水分测定仪中测定，得初始质量G_i和终了质量G_{iC}。则物料中瞬间含水率X_i为

$$X_i=\frac{G_i-G_{iC}}{G_{iC}} \tag{4-91}$$

(2) 方法二　数字化实验设备可用此法。利用床层的压降来测定干燥过程的失水量。

① 准备0.5～1kg的湿物料，待用。

② 开启风机，调节风量至40～60m^3/h，打开加热器加热。待热风温度恒定后（通常可设定在70～80℃)，将湿物料加入流化床中，开始计时，此时床层的压差将随时间减小，实验至床层压差(Δp_e)恒定为止，则物料中瞬间含水率X_i为

$$X_i=\frac{\Delta p-\Delta p_e}{\Delta p_e} \tag{4-92}$$

式中　Δp——时刻τ时床层的压差。

计算出每一时刻的瞬间含水率X_i，然后将X_i对干燥时间τ_i作图，如图4-23所示，即为干燥曲线。

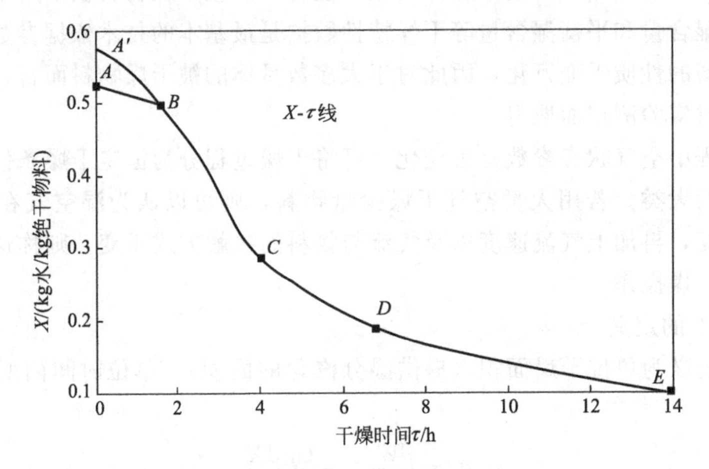

图4-23　恒定干燥条件下的干燥曲线

上述干燥曲线还可以变换得到干燥速率曲线。由已测得的干燥曲线求出不同X_i下的斜率$\frac{dX_i}{d\tau_i}$，再由式4-90计算得到干燥速率U，将U对X作图，就是干燥速率曲线，如图4-24所示。

将床层的温度对时间作图，可得床层的温度与干燥时间的关系曲线。

3. 干燥过程分析

预热段　见图4-23、图4-24中的AB段或$A'B$段。物料在预热段中，含水率略有下降，温度则升至湿球温度t_W，干燥速率可能呈上升趋势变化，也可能呈下降趋势变化。预热段经历的时间很短，通常在干燥计算中忽略不计，有些干燥过程甚至没有预热段。

恒速干燥阶段　见图4-23、图4-24中的BC段。该段物料水分不断汽化，含水率不断下降。但由于这一阶段去除的是物料表面附着的非结合水分，水分去除的机理与纯水的相同，故在恒定干燥条件下，物料表面始终保持为湿球温度t_W，传质推动力保持不变，

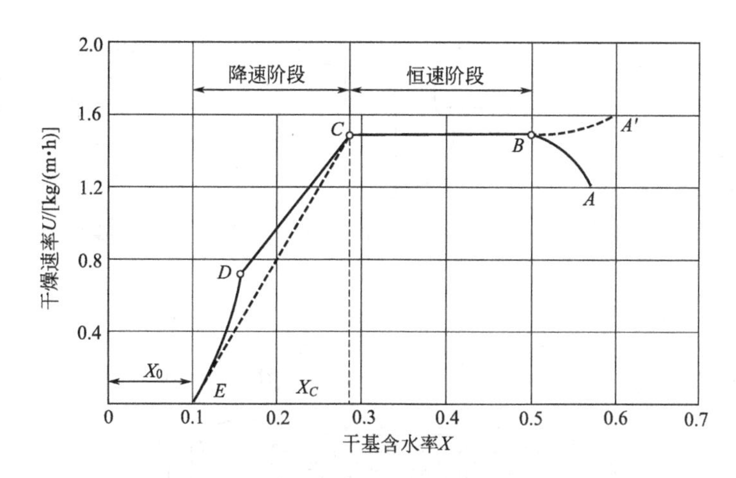

图 4-24 恒定干燥条件下的干燥速率曲线

因而干燥速率也不变。于是，在图 4-24 中，BC 段为水平线。

只要物料表面保持足够湿润，物料的干燥过程中总处于恒速阶段。而该段的干燥速率大小取决于物料表面水分的汽化速率，亦即决定于物料外部的空气干燥条件，故该阶段又称为表面汽化控制阶段。

降速干燥阶段　随着干燥过程的进行，物料内部水分移动到表面的速度赶不上表面水分的汽化速率，物料表面局部出现“干区”，尽管这时物料其余表面的平衡蒸气压仍与纯水的饱和蒸气压相同，但以物料全部外表面计算的干燥速率因“干区”的出现而降低，此时物料中的含水率称为临界含水率，用 X_C 表示，对应图 4-24 中的 C 点，称为临界点。过 C 点以后，干燥速率逐渐降低至 D 点，C 至 D 阶段称为降速第 1 阶段。

干燥到点 D 时，物料全部表面都成为干区，汽化面逐渐向物料内部移动，汽化所需的热量必须通过已被干燥的固体层才能传递到汽化面；从物料中汽化的水分也必须通过这一干燥层才能传递到空气主流中，干燥速率因热、质传递的途径加长而下降。此外，在点 D 以后，物料中的非结合水分已被除尽，接下去所汽化的是各种形式的结合水，因而，平衡蒸气压将逐渐下降，传质推动力减小，干燥速率也随之较快降低，直至到达点 E 时，速率降为零。这一阶段称为降速第 2 阶段。

降速阶段干燥速率曲线的形状随物料内部的结构而异，不一定都呈现前面所述的曲线 CDE 形状。对于某些多孔性物料，可能降速两个阶段的界限不是很明显，曲线好像只有 CD 段；对于某些无孔性吸水物料，汽化只在表面进行，干燥速率取决于固体内部水分的扩散速率，故降速阶段只有类似 DE 段的曲线。

与恒速阶段相比，降速阶段从物料中除去的水分量相对少许多，但所需的干燥时间却长得多。总之，降速阶段的干燥速率取决于物料本身结构、形状和尺寸，而与干燥介质状况关系不大，故降速阶段又称物料内部迁移控制阶段。

三、实验装置

1. 装置流程

本装置流程如图 4-25 所示。

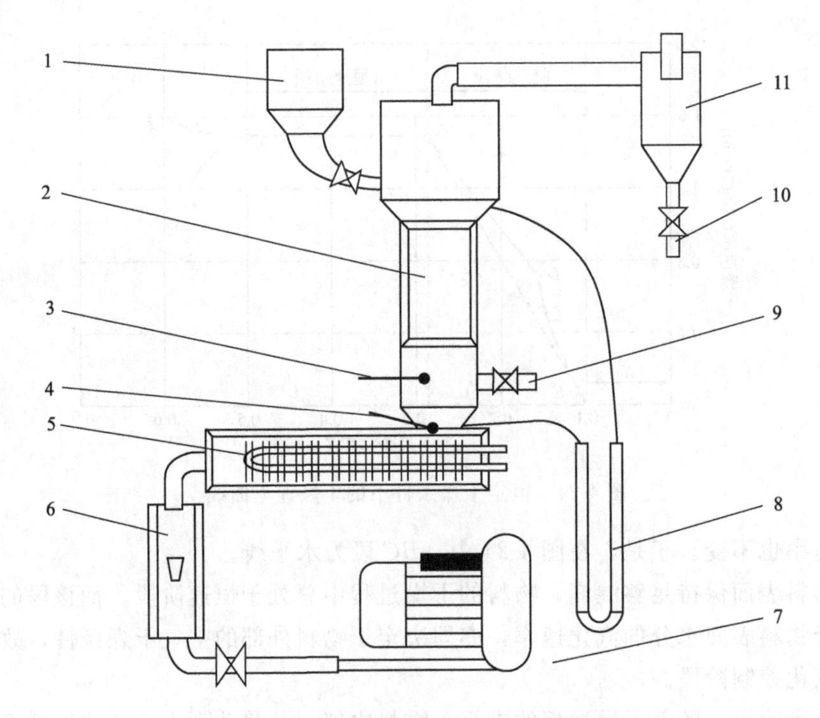

图 4-25 流化床干燥实验装置流程图

1—加料斗；2—床层（可视部分）；3—床层测温点；4—进口测温点；5—加热器；6—转子流量计；7—风机；8—U形压差计；9—取样口；10—排灰口；11—旋风分离器

2. 主要设备及仪器

（1）鼓风机 BYF7122，370W；

（2）电加热器 额定功率 2.0kW；

（3）干燥室 ϕ100mm×750mm；

（4）干燥物料 耐水硅胶；

（5）床层压差 Sp0014 型压差传感器，或 U 形压差计。

四、实验步骤及注意事项

1. 实验步骤

（1）开启风机。

（2）打开仪表控制柜电源开关，加热器通电加热，床层进口温度要求恒定在 70～80℃左右。

（3）将准备好的耐水硅胶/绿豆加入流化床进行实验。

（4）每隔 4min 取样 5～10g 左右分析或由压差传感器记录床层压差，同时记录床层温度。

（5）待干燥物料恒重或床层压差一定时，即为实验终了，关闭仪表电源。

（6）关闭加热电源。

（7）关闭风机，切断总电源，清理实验设备。

2. 注意事项

必须先开风机，后开加热器，否则加热管可能会被烧坏，破坏实验装置。

五、实验报告

1. 绘制干燥曲线（失水量-时间关系曲线）；
2. 根据干燥曲线作干燥速率曲线；
3. 读取物料的临界湿含量；
4. 绘制床层温度随时间变化的关系曲线；
5. 对实验结果进行分析讨论。

六、思考题

1. 什么是恒定干燥条件？本实验装置中采用了哪些措施来保持干燥过程在恒定干燥条件下进行？

2. 控制恒速干燥阶段速率的因素是什么？控制降速干燥阶段干燥速率的因素又是什么？

3. 为什么要先启动风机，再启动加热器？实验过程中床层温度是如何变化的？为什么？如何判断实验已经结束？

4. 若加大热空气流量，干燥速率曲线有何变化？恒速干燥速率、临界湿含量又如何变化？为什么？

实验十二　板式塔流体力学实验

一、实验目的

1. 观察板式塔各类型塔板的结构，比较各塔板上的气液接触状况。

2. 实验研究板式塔的极限操作状态，确定各塔板的漏液点和液泛点。

二、实验原理

板式塔是一种应用广泛的气液两相接触并进行传热、传质的塔设备，可用于吸收（解吸）、精馏和萃取等化工单元操作。与填料塔不同，板式塔属于分段接触式气液传质设备，塔板上气液接触的良好与否和塔板结构及气液两相相对流动情况有关，后者即是本实验研究的流体力学性能。

1. 塔板的组成

各种塔板板面大致可分为 3 个区域，即溢流区、鼓泡区和无效区。

降液管所占的部分称为溢流区。降液管的作用除使液体下流外，还须使泡沫中的气体在降液管中得到分离，不至于使气泡带入下一塔板而影响传质效率。因此液体在降液管中应有足够的停留时间使气体得以解脱，一般要求停留时间大于 3～5s。一般溢流区所占总面积不超过塔板总面积的 25%，对液量很大的情况，可超过此值。

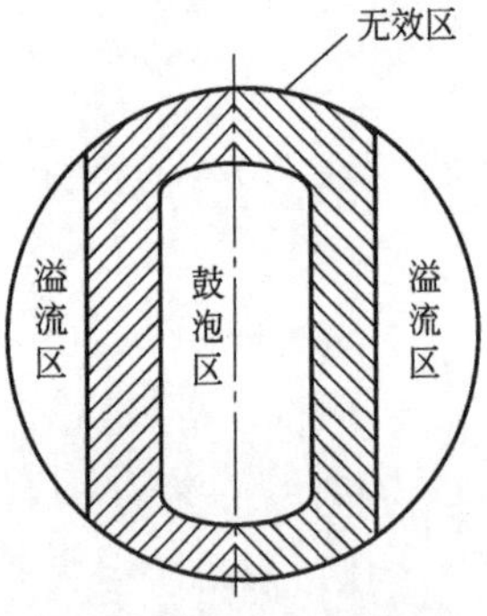

塔板开孔部分称为鼓泡区，即气液两相传质的场所，也是区别各种不同塔板的依据。

而如图 4-26 所示的阴影部分则为无效区，因为在液体进口处液体容易自板上孔中漏下，故设一传质无效的不开孔区，称为进口安定区，而在出口处，由于进降液管的泡沫较多，也应设定不开孔区来破除一部分泡沫，又称破沫区。

图 4-26　塔板板面

2. 常用塔板类型

泡罩塔　这是最早应用于生产上的塔板之一，因其操作性能稳定，故一直到 20 世纪 40 年代还在板式塔中占绝对优势，后来逐渐被其它塔板代替，但至今仍占有一定地位。泡罩塔特别适用于容易堵塞的物系。

泡罩塔板如图 4-27(a) 所示，塔板上装有许多升气管，每根升气管上覆盖着一只泡罩（多为圆形，也可以是条形或是其它形状）。泡罩下边缘或开齿缝或不开齿缝，操作时气体从升气管上升再经泡罩与升气管的环隙，然后从泡罩下边缘或经齿缝排出进入液层。

泡罩塔板操作稳定，传质效率（对塔板而言称为塔板效率）也较高，但有不少缺点，如结构复杂、造价高、塔板阻力大等。液体通过塔板的液面落差较大，因而易使气流分布不均而造成气液接触不良。

筛板塔　筛板塔也是最早出现的塔板之一。从图 4-27(b) 所示可知，筛板就是在板上打很多筛孔，操作时气体直接穿过筛孔进入液层。这种塔板早期一直被认为很难操作，只要气流发生波动，液体就不从降液管下来，而是从筛孔中大量漏下，于是操作也就被破坏。直到1949年以后才又对筛板进行试验，掌握了规律，发现能稳定操作。目前它在国内外已大量应用，特别在美国其比例大于下面介绍的浮阀塔板。

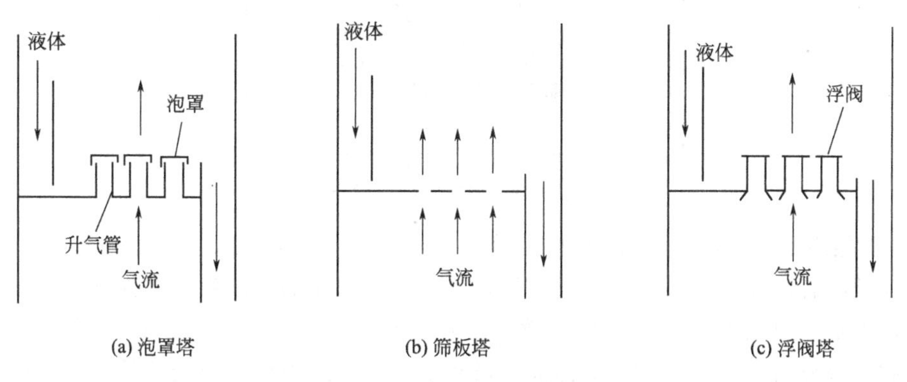

(a) 泡罩塔　(b) 筛板塔　(c) 浮阀塔

图 4-27　常用塔板示意图

筛板塔的优点是构造简单、造价低，此外也能稳定操作，板效率也较高。缺点是小孔易堵（近年来发展了大孔径筛板，以适应大塔径、易堵塞物料的需要），操作弹性和板效率比下面介绍的浮阀塔板略差。

浮阀塔　这种塔板如图 4-27(c) 所示，是在 20 世纪 40～50 年代才发展起来的，现在使用很广。在国内浮阀塔的应用占有重要地位，普遍获得好评。其特点是当气流在较大范围内波动时均能稳定地操作，弹性大，效率好，适应性强。

浮阀塔结构特点是将浮阀装在塔板上的孔中，能自由地上下浮动，随气速的不同，浮阀打开的程度也不同。

3. 板式塔的操作

塔板的操作上限与操作下限之比称为操作弹性（即最大气量与最小气量之比或最大液量与最小液量之比）。操作弹性是塔板的一个重要特性。操作弹性大，则该塔稳定操作范围大，这是我们所希望的。

为了使塔板在稳定范围内操作，必须了解板式塔的几个极限操作状态。在本演示实验中，主要观察研究各塔板的漏液点和液泛点，也即塔板的操作上、下限。

漏液点　可以设想，在一定液量下，当气速不够大时，塔板上的液体会有一部分从筛孔漏下，这样就会降低塔板的传质效率，因此一般要求塔板应在不漏液的情况下操作。所谓“漏液点”是指刚使液体不从塔板上泄漏时的气速，此气体也称为最小气速。

液泛点　当气速大到一定程度，液体就不再从降液管下流，而是从下塔板上升，这就是板式塔的液泛。液泛速度也就是达到液泛时的气速。

现以筛板塔为例来说明板式塔的操作原理。如图 4-28 所示，上一层塔板上的液体由降液管流至塔板上，并经过板上由另一降液管流至下一层塔板上。而下一层板上升的气体（或蒸汽）经塔板上的筛孔，以鼓泡的形式穿过塔板上的液体层，并在此进行气液接触传质。离开液层的气体继续升至上一层塔板，再次进行气液接触传质。由此经过若干层塔板，由塔板结构和气液两相流量而定。在塔板结构和液量已定的情况下，鼓泡层高度随气速而变。通常在塔板以上形成 3 种不同状态的区间，靠近塔板的液层底部属鼓泡区，如图

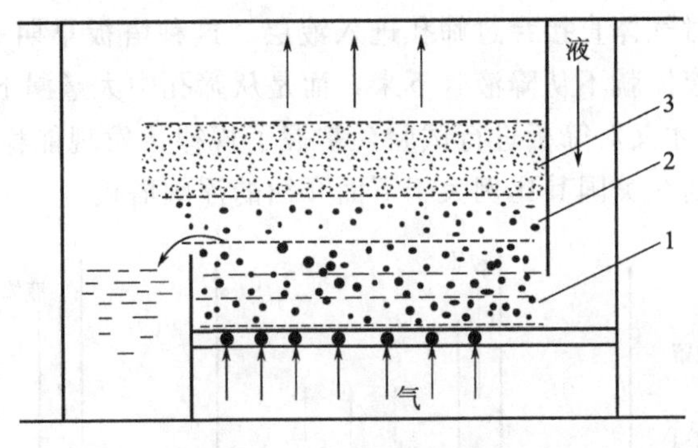

图 4-28 筛板塔操作简图

中 1；在液层表面属泡沫区，如图中 2；在液层上方空间属雾沫区，如图中 3。

这 3 种状态都能起气液接触传质作用，其中泡沫状态的传质效果尤为良好。当气速不很大时，塔板上以鼓泡区为主，传质效果不够理想。随着气速增大到一定值，泡沫区增加，传质效果显著改善，相应的雾沫夹带虽有增加，但还不至于影响传质效果。如果气速超过一定范围，则雾沫区显著增大，雾沫夹带过量，严重影响传质效果。为此，在板式塔中必须在适宜的液体流量和气速下操作，才能达到良好的传质效果。

三、演示操作

本装置主体是直径 200mm、板间距为 300mm 的 4 个有机玻璃塔节与两个封头组成的塔体，配以风机、水泵和气、液转子流量计及相应的管线、阀门等部件。塔体内由上而下安装 4 块塔板，分别为有降液管的筛孔板、浮阀塔板、泡罩塔板、无降液管的筛孔板，降液管均为内径 25mm 的有机圆柱管。流程示意如图 4-29 所示。

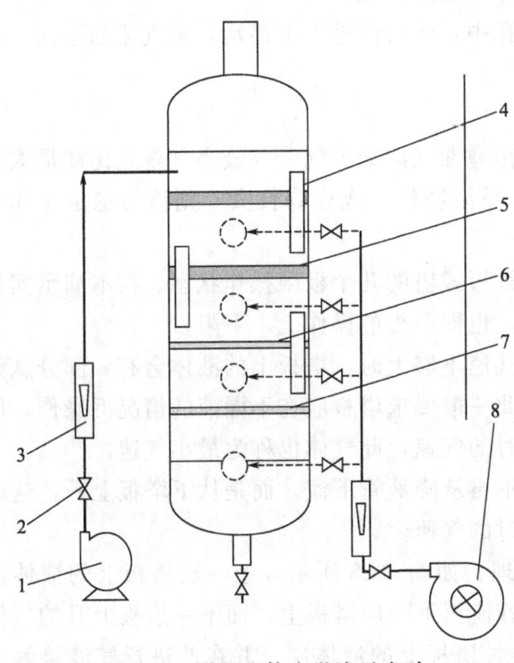

图 4-29 塔板流体力学演示实验

1—增压水泵；2—调节阀；3—转子流量计；4—有降液管筛孔板；5—浮阀塔板；6—泡罩塔板；7—无降液管筛孔板；8—风机

演示时，采用固定的水流量（不同塔板结构流量有所不同），改变不同的气速，演示各种气速时的运行情况。实验开始前，先检查水泵和风机电源，并保持所有阀门全关状态。以下以有降液管的筛孔板（即自下而上第 2 块塔板）为例，介绍该塔板流体力学性质演示操作。水泵进口连接水槽，塔底排液阀循环接入水槽，打开水泵出口调节阀，开启水泵电源。观察液流从塔顶流出的速度，通过水转子流量计调节液流量在转子流量计显示适中的位置，并保持稳定流动。

打开风机出口阀，打开有降液管的筛孔板下对应的气流进口阀，开启风机电源。通过转子流量计自小而大调节气流量，观察塔板上气液接触的几个不同阶段，即由漏液至鼓泡、泡沫和雾沫夹带到最后淹塔。

（1）全开气阀　这种情况气速达到最大值，此时可看到泡沫层很高，并有大量液滴从泡沫层上方往上冲，这就是雾沫夹带现象。这种现象表示实际气速大大超过设计气速。

（2）逐渐关小气阀　这时飞溅的液滴明显减少，泡沫层高度适中，气泡很均匀，表示实际气速符合设计值，这是各类型塔正常运行状态。

（3）再进一步关小气阀　当气速大大小于设计气速时，泡沫层明显减少，因为鼓泡少，气、液两相接触面积大大减少，显然，这是各类型塔不正常运行状态。

（4）再慢慢关小气阀　可以看见塔板上既不鼓泡、液体也无下漏的现象。若再关小气阀，则可看见液体从塔板上漏出，这就是塔板的漏液点。

观察实验的两个临界气速，即作为操作下限的“漏液点”——刚使液体不从塔板上泄漏时的气速，和作为操作上限的“液泛点”——使液体不再从降液管（对于无降液管的筛孔板，是指不降液）下流，而是从下塔板上升直至淹塔时的气速。

对于其余另两种类型的塔板也是作如上的操作，最后记录各塔板的气液两相流动参数，计算塔板弹性，并作出比较。

也可作全塔液泛实验，从有降液管的第 2 块筛塔板作起，可观察全塔液泛的状况。实验过程中，注意塔身与下水箱的接口处应液封，以免漏出风量。

四、思考题

1. 筛板气速对塔板的设计与操作有何影响？

2. 比较实验中所用几种塔的特点。

第五章 化工原理数据处理软件使用

以前众多的化工测试仪器仪表都是人工控制，化工参数也大都采用现场读数法读取，但随着计算机的发展，计算机在化工中的应用越来越广泛，我国的很多化工行业都进行了技术革新和技术改造，绝大多数的化工测试控制仪器仪表都是计算机控制，其参数也都是计算机读取，数据也都直接由计算机处理，化工仪表及自动化程度越来越高，为了和现代化工测试和控制技术相衔接，我国高等院校的化工原理仪器设备也进行了更新换代，化工参数可直接由计算机采集并处理。本章仅以浙大中控仪教有限公司的设备及其相关数据处理软件为例，介绍化工原理数据处理软件的使用。

第一节 学生使用

打开化工原理数据处理软件，学生使用软件操作流程图如图 5-1 所示。

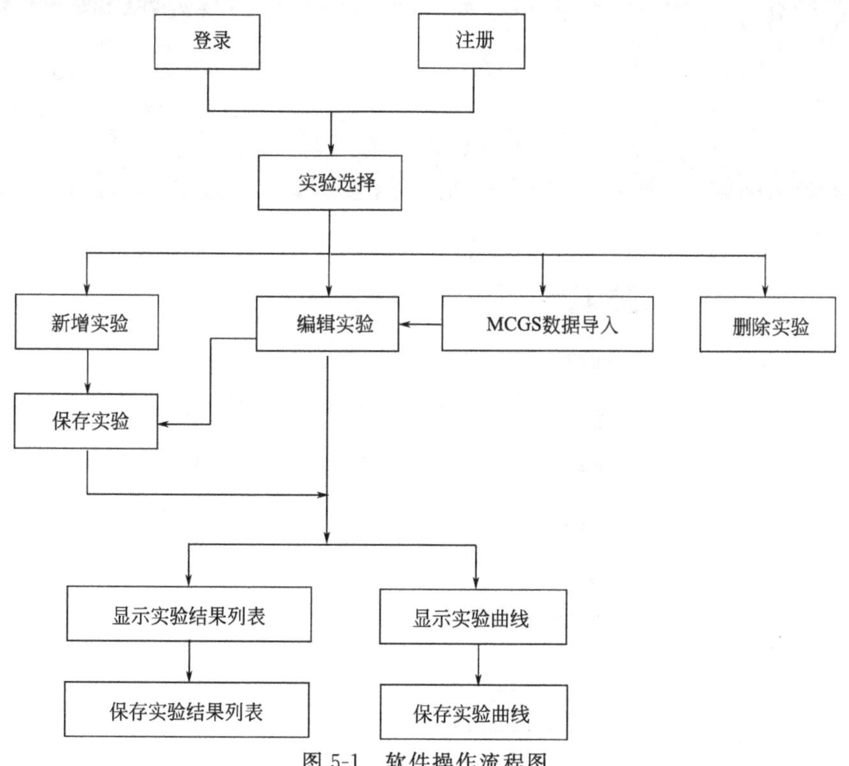

图 5-1　软件操作流程图

一、登录与注册

身份确认　进入软件登录画面，首先选择登陆身份，学生用户请选择“学生”。

注册　第 1 次使用本软件的学生需要先进行注册，以便在系统中留下有关信息。方法是点击［注册］按钮，弹出注册对话框，如图 5-2、图 5-3 所示。在对话框中输入学号等有关信息，其中“学号”、“密码”、“密码确认”是必填信息，其它为选填信息。点击［确定］，在确认无误后保存。

图 5-2　登录

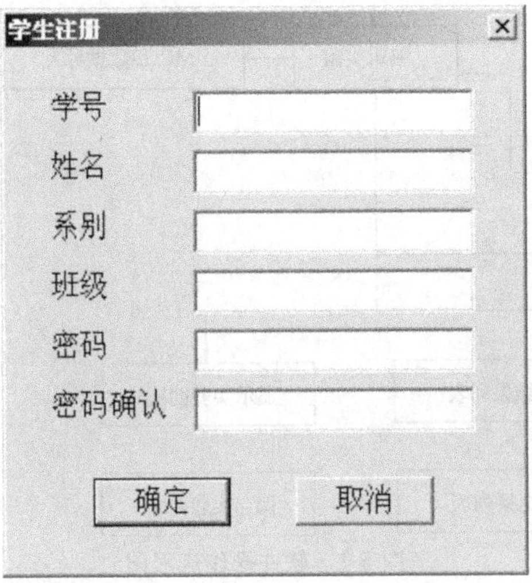

学生注册

学号

姓名

系别

班级

密码

密码确认

确定　取消

图 5-3　注册

登录　已经注册的学生用户，在下次进入登录画面的时候，可以直接输入学号和密码，并点击［登录］按钮进入系统。

二、实验原始数据处理

1. 新增实验

实验原始数据输入　如图 5-4 所示，学生可以点击工具栏上新增实验按钮，或选择菜单【实验原始数据】→【新增实验】以清空“实验原始数据表”，然后即可在表上输入实验原始数据。按钮［插入行］和［删除行］用于在输入时插入一个空白数据行和删除一个数据行。登录后首次进入主界面时，系统自动处于新增实验状态，可以直接输入实验数据。

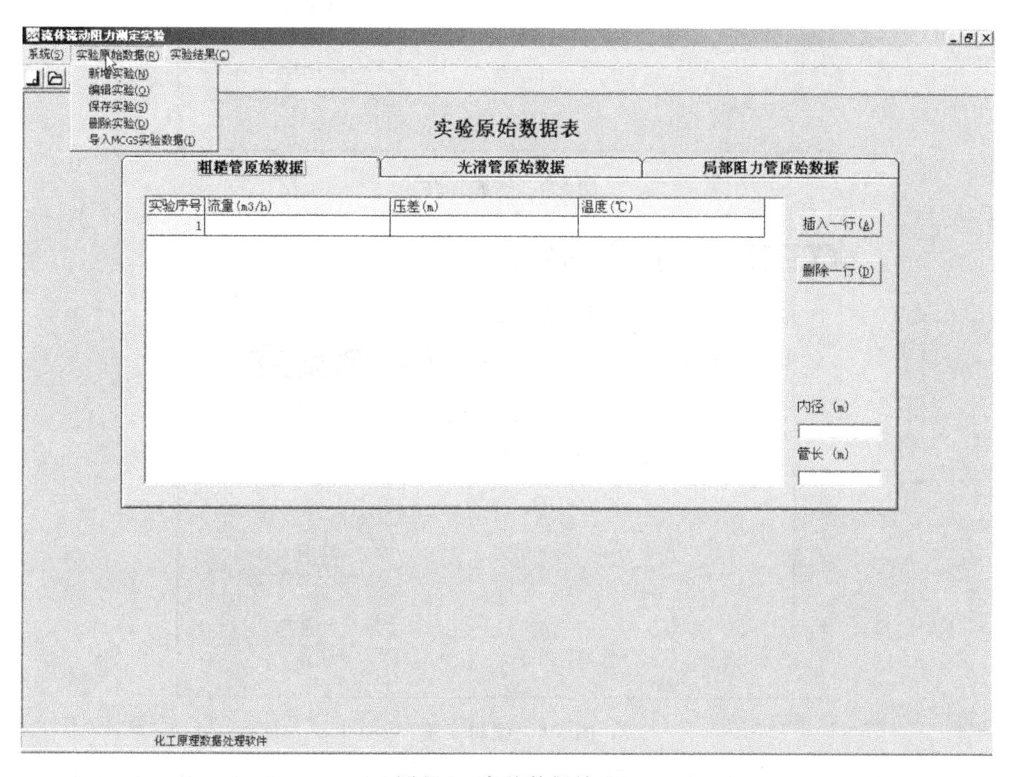

图 5-4　实验数据输入

实验保存　如图 5-5 所示，实验数据输入完毕后必须进行保存：点击工具栏上实验保存按钮，或选择菜单【实验原始数据】→【保存实验】，弹出如图所示对话框。从装置下拉式列表中选择实验所使用的装置，并点击［保存］按钮确定。实验保存后就可以查看实验结果和曲线，具体操作见“实验结果显示与保存”说明。

2. 编辑实验

实验打开　如图 5-6 所示，要对已有的实验进行编辑或查看实验结果和曲线需要先打开实验：点击工具栏上编辑实验按钮，或选择菜单【实验原始数据】→【编辑实验】，弹出如图所示对话框，从实验装置下拉列表中选择装置，然后在实验列表中选择所要打开的实验，点击［打开］按钮打开实验。实验类型中，“基本型”表示用户手动输入数据的实验，“数字型”表示从 MCGS 导入数据的实验。

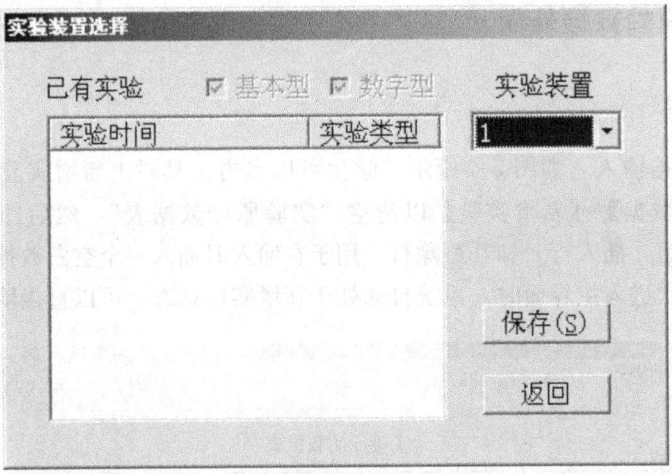

实验装置选择

已有实验 ☑基本型 ☑数字型 实验装置 1

实验时间 实验类型

保存(S)

返回

图 5-5 实验保存

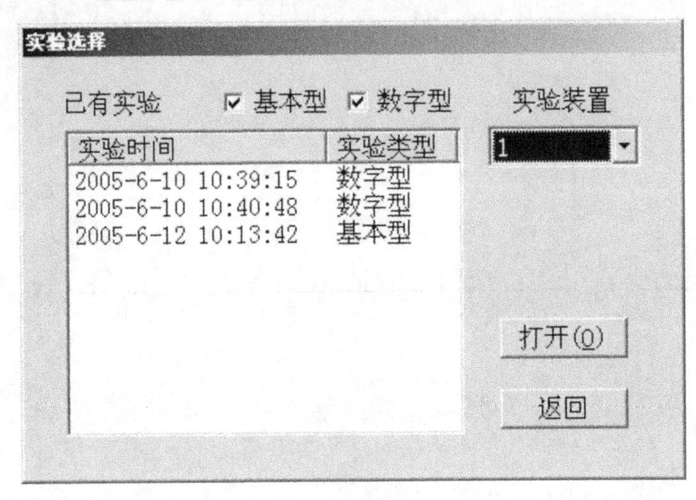

图 5-6 编辑实验

实验数据编辑修改 如图 5-7 所示，实验打开后，可以直接在“实验原始数据表”上对实验数据进行修改。要保存修改后的结果，请点击工具栏上实验保存按钮，或选择菜单【实验原始数据】→【保存实验】，确认之后保存。另外，实验打开后可以对该实验的结果和曲线进行查看和保存，具体操作见“实验结果显示与保存”说明。

（注：实验数据编辑时，数字型实验只能对实验中数据条目进行删除，而不能修改或新增数据条目。）

3. 删除实验

要删除已有的实验，选择菜单【实验原始数据】→【删除实验】，弹出如图所示对话框，从实验装置下拉列表中选择装置，然后在实验列表中选择所要删除的实验，点击［删除］按钮，确认之后删除实验。如图 5-8 所示。

4. MCGS 实验数据导入

MCGS 数据导入 要导入监控软件采集的 MCGS 实验数据，选择菜单【实验原始数

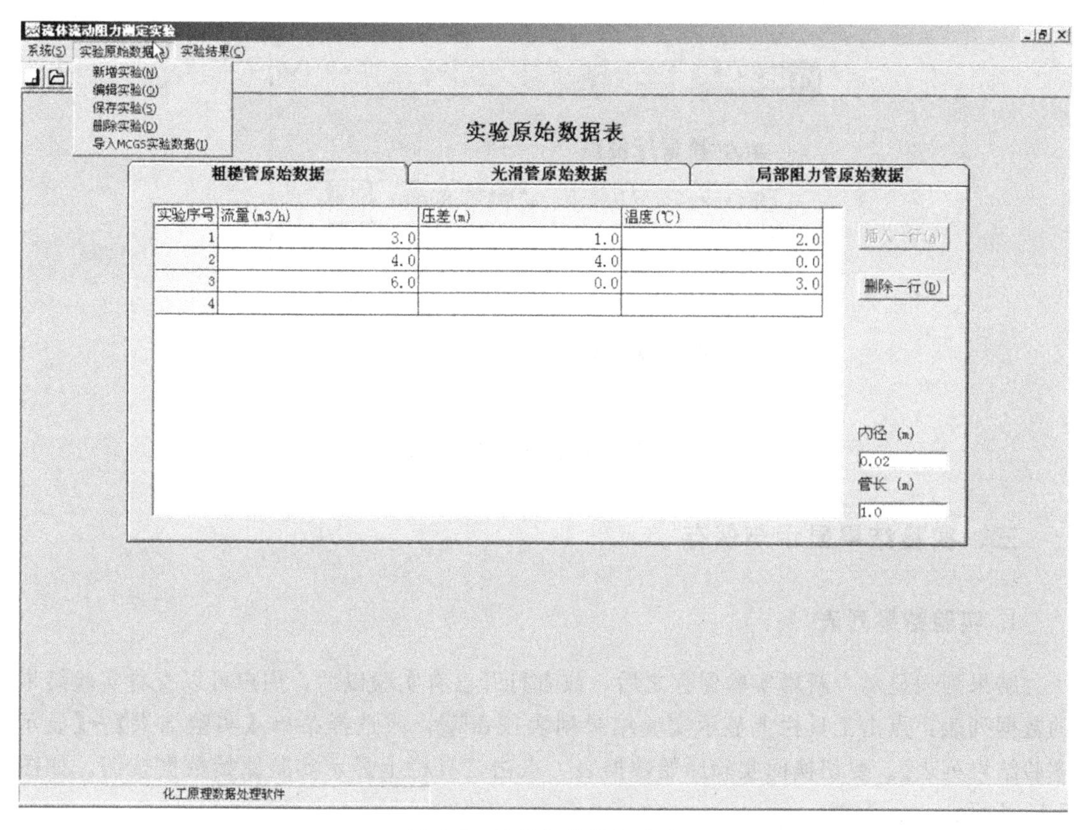

图 5-7　实验数据编辑修改

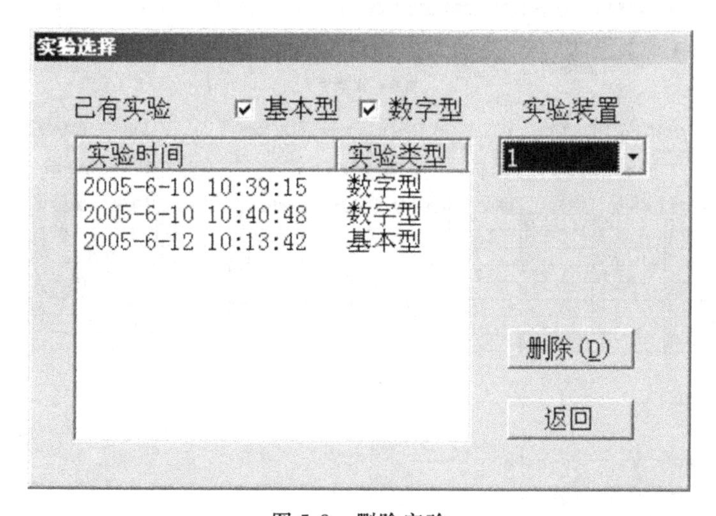

图 5-8　删除实验

据】→【导入 MCGS 实验数据】，弹出如图所示对话框，点击按钮，选择 MCGS 数据库的位置，然后点击［导入］按钮。从 MCGS 导入的数据，将作为数字型实验保存在系统中。如图 5-9 所示。

导入数据打开与编辑　要查看导入后的实验数据及结果曲线，或对其进行编辑修改，具体操作见“编辑实验”说明。

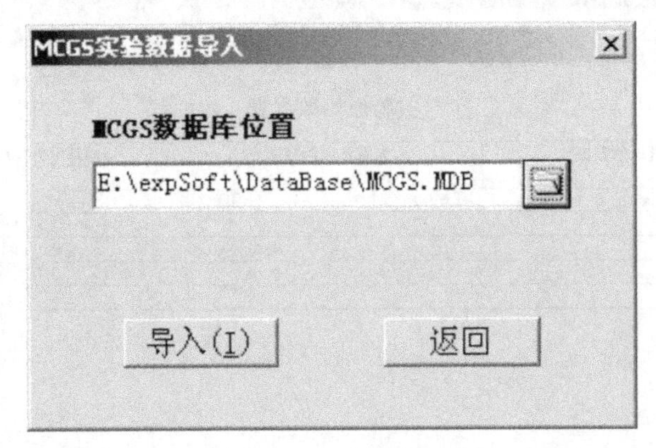

图 5-9　MCGS 实验数据导入

三、实验结果显示与保存

1. 实验结果列表

结果列表显示　新增实验保存之后，或者打开已有实验以后，用户可以查看实验结果的数据列表：点击工具栏上显示实验结果列表按钮，或选择菜单【实验结果】→【显示实验结果列表】。要切换回实验原始数据表，点击工具栏上显示实验原始数据按钮。如图 5-10 所示。

流体流动阻力测定实验

系统(S)　实验原始数据(R)　实验结果(C)

显示实验结果列表(L)
显示实验曲线(G)
保存实验结果列表(E)

实验结果数据表

姓名 ex　学号 1　日期 2005-6-12 20:37:17　装置号 1　实验类型 基本型

粗糙管结果数据　光滑管结果数据　局部阻力管结果数据

实验序号	流量(m3/h)	流速(m/s)	温度(℃)	密度(kg/m3)	粘度(PaS)	雷诺数	压差(m)	阻力系数	流体阻力
1	1.29	1.14	23.82	996.8	0.001007	22549.7	1.1	0.332968	10.8
2	1.75	1.55	24.24	996.7	0.000997	30907.78	1.95	0.321345	19.21
3	2.35	2.08	24.03	996.75	0.001002	41282.73	3.1	0.283207	30.49
4	2.85	2.52	23.22	996.94	0.001021	49268.13	4.44	0.274627	43.69
5	3.41	3.01	23.94	996.77	0.001004	59765.45	6.16	0.267321	60.58
6	3.96	3.5	23.76	996.81	0.001008	69191.68	7.75	0.24913	76.28
7	4.56	4.03	23.63	996.84	0.001011	79421.35	9.34	0.226441	91.87
8	5.06	4.48	23.94	996.77	0.001004	88849.55	9.99	0.196318	98.32

内径 (m) 0.02　管长 (m) 1.0

化工原理数据处理软件

图 5-10　实验结果列表

结果列表保存　实验结果列表可以保存为 Excel 表格文件：选择菜单【实验结果】→【保存实验结果列表】。

2. 实验曲线

曲线显示　新增实验保存之后，或者打开已有实验以后，用户也可以查看实验结果曲线：点击工具栏上显示实验曲线按钮，或选择菜单【实验结果】→【显示实验曲线】。要切换回实验原始数据表，点击工具栏上显示实验原始数据按钮。如图 5-11 所示。

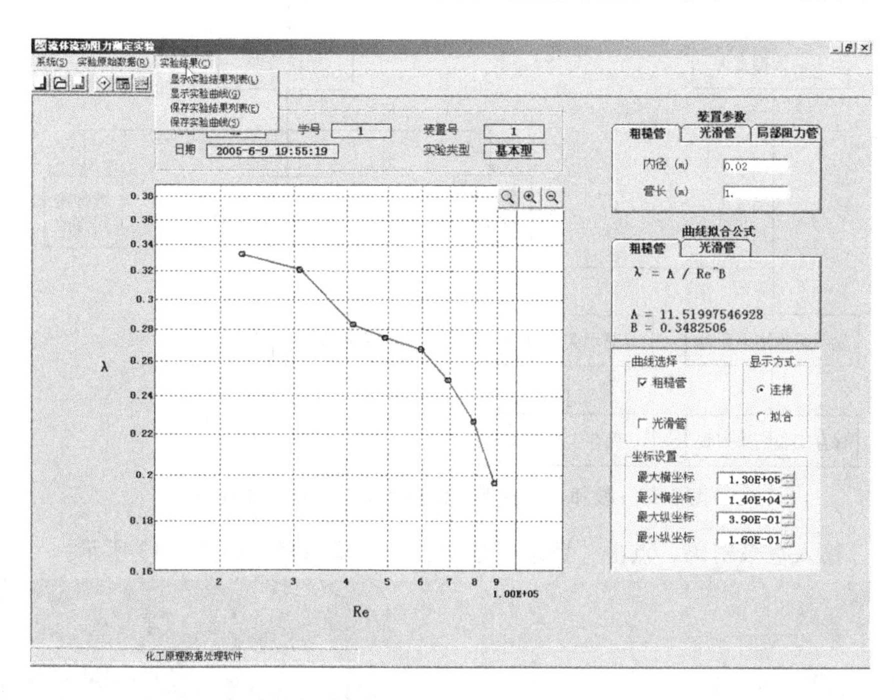

图 5-11　实验曲线

曲线保存　实验曲线可以保存为 Bmp 图像文件：选择菜单【实验结果】→【保存实验曲线】。

第二节 教师（管理员）使用

教师（管理者）使用软件操作流程如图 5-12 所示。

一、登录

身份确认　进入软件登录画面，首先选择登录身份，教师或系统管理员请选择“教师”。

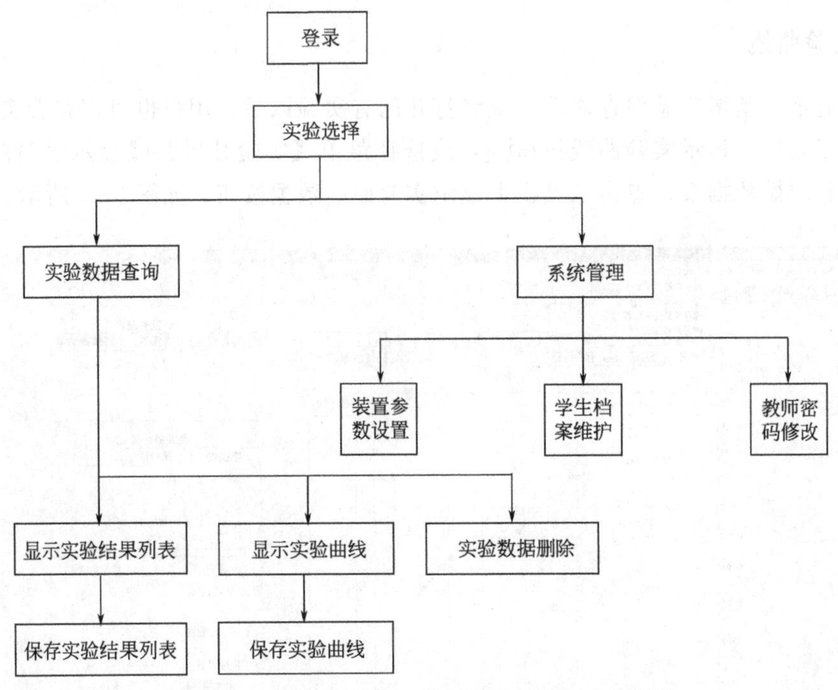

图 5-12　教师（管理者）使用教学软件操作流程图

登录　输入登录密码，点击［登录］按钮进入实验选择。如图 5-13 所示。

图 5-13　教师（管理者）登录

二、实验数据查询与管理

选择实验后，进入主界面如图 5-14 所示。

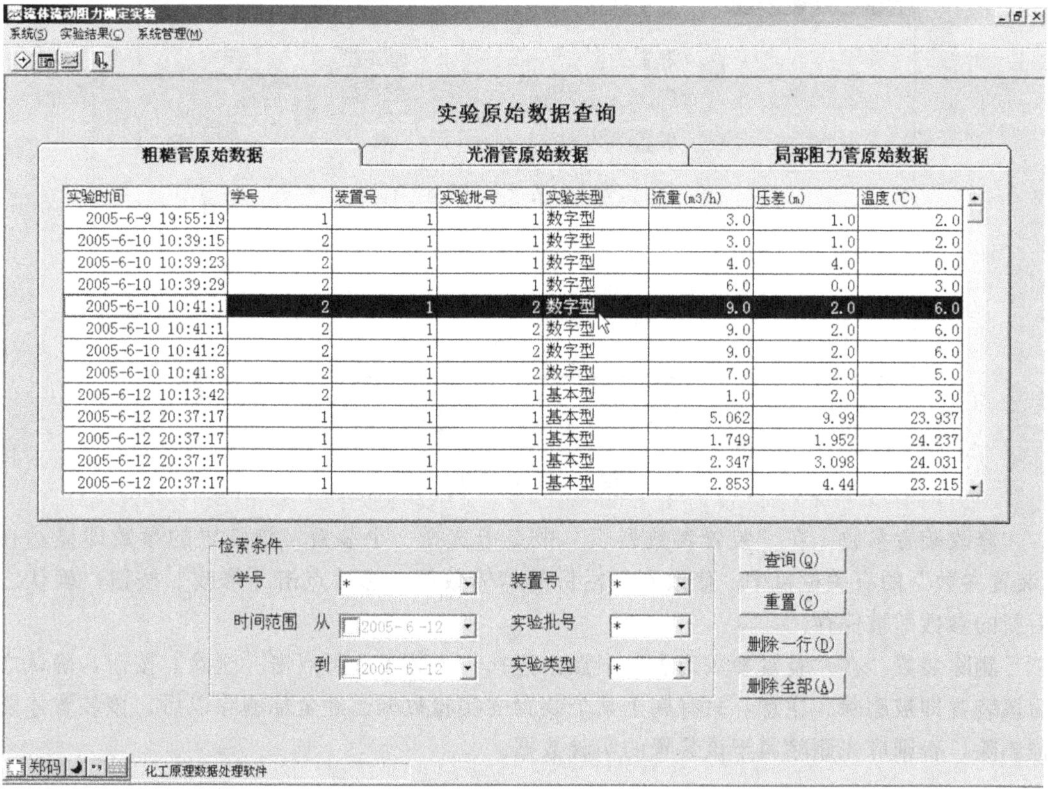

流体流动阻力测定实验

系统(S)　实验结果(C)　系统管理(M)

实验原始数据查询

粗糙管原始数据　光滑管原始数据　局部阻力管原始数据

实验时间	学号	装置号	实验批号	实验类型	流量(m3/h)	压差(m)	温度(℃)
2005-6-9 19:55:19	1	1	1	数字型	3.0	1.0	2.0
2005-6-10 10:39:15	2	1	1	数字型	3.0	1.0	2.0
2005-6-10 10:39:23	2	1	1	数字型	4.0	4.0	0.0
2005-6-10 10:39:29	2	1	1	数字型	6.0	0.0	3.0
2005-6-10 10:41:1	2	1	2	数字型	9.0	2.0	6.0
2005-6-10 10:41:1	2	1	2	数字型	9.0	2.0	6.0
2005-6-10 10:41:2	2	1	2	数字型	9.0	2.0	6.0
2005-6-10 10:41:8	2	1	2	数字型	7.0	2.0	5.0
2005-6-12 10:13:42	2	1	1	基本型	1.0	2.0	3.0
2005-6-12 20:37:17	1	1	1	基本型	5.062	9.99	23.937
2005-6-12 20:37:17	1	1	1	基本型	1.749	1.952	24.237
2005-6-12 20:37:17	1	1	1	基本型	2.347	3.098	24.031
2005-6-12 20:37:17	1	1	1	基本型	2.853	4.44	23.215

检索条件

学号 *　装置号 *

时间范围 从 2005-6-12　实验批号 *

到 2005-6-12　实验类型 *

查询(Q)　重置(C)　删除一行(D)　删除全部(A)

化工原理数据处理软件

图 5-14　实验数据查询与管理

实验数据查询　教师可以对学生的实验数据进行检索查询：先设定检索条件，然后点击［查询］按钮。默认检索条件是检索当前实验下的所有实验数据，要恢复到默认检索条件，点［重置］按钮。

实验结果显示保存　教师可以查看实验数据的结果和曲线，方法是点击选择数据列表中某一行的数据，然后相关工具栏按钮和菜单项就会变成有效。具体操作见学生使用手册中的“实验结果显示与保存”说明。

实验数据删除　点击选择数据列表中某一行数据，然后点击［删除一行］按钮，可以删除该行数据；点击［删除全部］按钮，可以将检索到的全部实验数据删除。

三、系统管理

1. 装置参数设置

如图 5-15 所示，选择菜单【系统管理】→【装置参数设置】，弹出如图所示对话框。

新增装置　要添加实验装置，在“装置号”中输入新装置的装置号，并输入装置的具体参数。新装置号必须与已有装置不相同，装置参数必须全部输入。然后点击［新增］按钮。

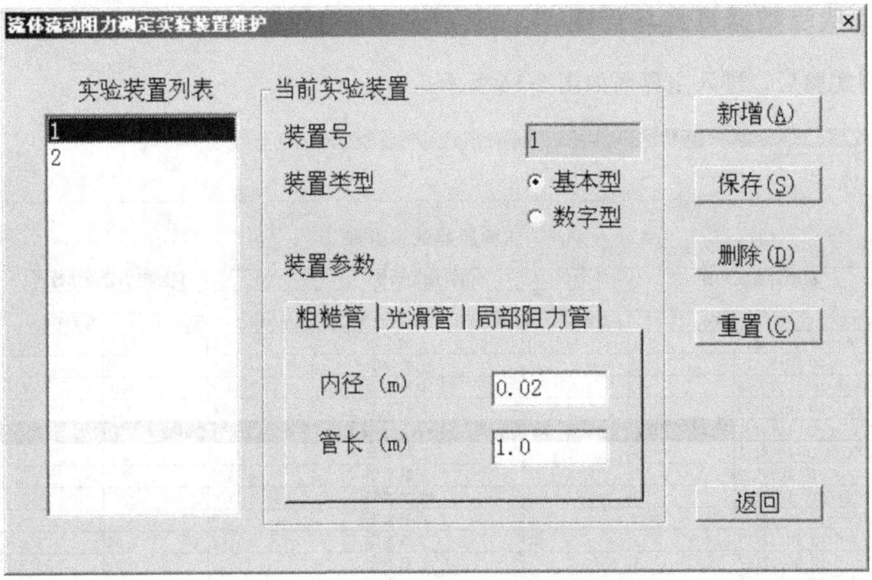

图 5-15　登录维护

修改装置参数　在“装置参数列表”中点击选择一个装置，该装置的参数即显示在“装置参数”的有关栏目中。修改有关栏目的具体数值，然后点击［修改］按钮，确认之后新的参数即被保存。

删除装置　在“装置参数列表”中点击选择一个装置，再点击［删除］按钮，确认之后该装置即被删除。注意，只有属于某个装置的实验数据已经全部删除以后，该装置才能被删除，否则应先删除属于该装置的实验数据。

2. 学生档案维护

选择菜单【系统管理】→【学生档案维护】，弹出如图 5-16 所示对话框。

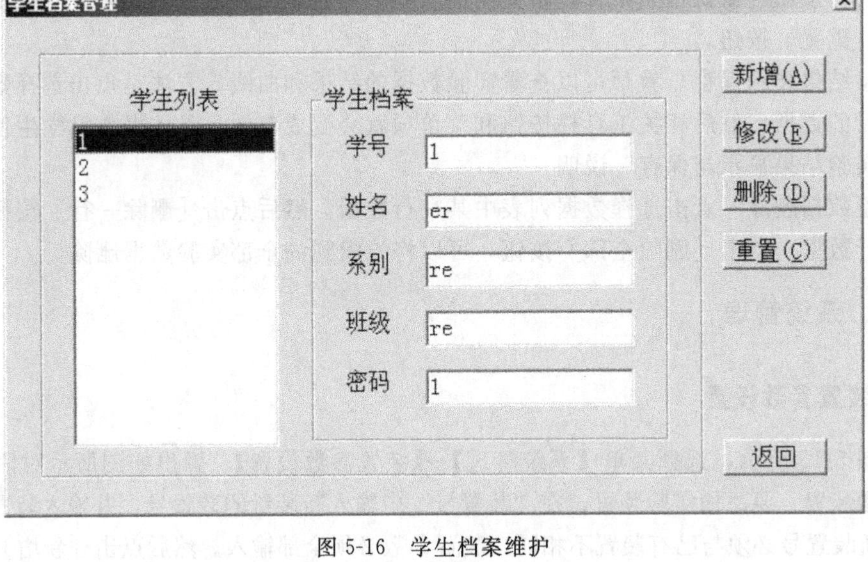

图 5-16　学生档案维护

新增学生档案　要添加某个学生的档案，在“学生档案”的相应栏目中输入该学生的有关信息。其中“学号”必须输入，并与已有学生的学号不相同。然后点击［新增］按钮。

修改学生档案　在“学生列表”中点击选择一个学号，该学号的学生资料即显示在“学生档案”的有关栏目中。修改有关栏目的具体内容，然后点击［修改］按钮，确认之后新的学生信息即被保存。

删除学生档案　在“学生列表”中点击选择一个学号，再点击［删除］按钮，确认之后该学生的资料即被删除。注意，只有属于某个学生的实验数据已经全部删除以后，该学生的资料才能被删除，否则应先删除属于该学生的实验数据。

3. 教师密码修改

选择【系统管理】→【教师秘密修改】。弹出如图5-17所示对话框。分别输入新密码和确认密码，点击［确定］按钮。新密码和确认密码必须一致。

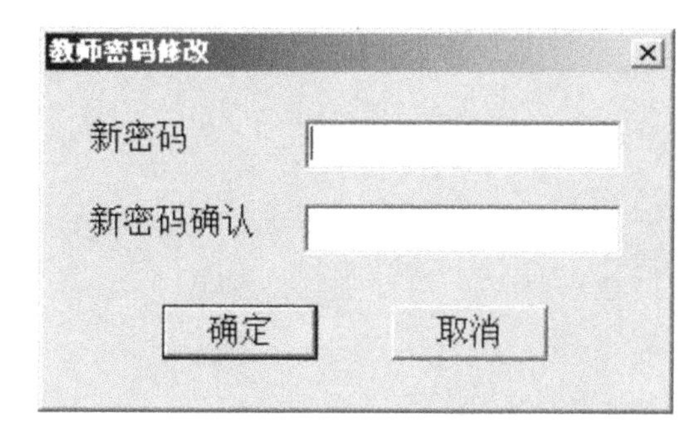

图5-17　教师密码修改

第六章 图形可视化和数据分析软件Origin

本章将结合大量实例，由浅入深、循序渐进地介绍 Origin 软件的基本功能（函数拟合、数据管理、数据分析、二维和三维绘图、多层绘图等功能）和最新增强功能（文字、图形和分析等功能）。

Origin 是美国 OriginLab 公司（其前身为 Microcal 公司）开发的图形可视化和数据分析软件，是科研人员和工程师常用的高级数据分析和制图工具。自 1991 年问世以来，由于其操作简便，功能开放，很快就成为国际流行的分析软件之一，是公认的快速、灵活、易学的工程制图软件。在国内，其使用范围也越来越广泛，化学类学习及工作者需要处理大量的实验数据、数据制图、数据分析，本章就是帮助读者快速掌握 Origin 的使用。

当前流行的图形可视化和数据分析软件有 Matlab、Mathmatica 和 Maple 等。这些软件功能强大，可满足科技工作中的许多需要，但使用这些软件需要一定的计算机编程知识和矩阵知识，并熟悉其中大量的函数和命令。而使用 Origin 就像使用 Excel 和 Word 那样简单，只需点击鼠标，选择菜单命令就可以完成大部分工作，获得满意的结果。

像 Excel 和 Word 一样，Origin 是个多文档界面应用程序。它将所有工作都保存在 Project（*.OPJ）文件中。该文件可以包含多个子窗口，如 Worksheet、Graph、Matrix、Excel 等。各子窗口之间是相互关联的，可以实现数据的即时更新。子窗口可以随 Project 文件一起存盘，也可以单独存盘，以便其它程序调用。

Origin 具有两大主要功能：数据制图和数据分析。Origin 数据制图主要是基于模板的，提供了五十多种 2D 和 3D 图形模板。用户可以使用这些模板制图，也可以根据需要自己设置模板。Origin 数据分析包括排序、计算、统计、平滑、拟合和频谱分析等强大的分析工具。这些工具的使用也只是单击工具条按钮或选择菜单命令。

第一节介绍了 Origin 的基础知识，包括 Origin 的工作环境，如菜单、子窗口、工具栏和项目管理器等，还包括 Origin 的基本操作，如打开、保存文件或子窗口，重命名子窗口等。这一节的内容比较零散，读者可以先浏览一遍，然后通过后面章节的学习来加深理解各个窗口、不同命令的功能和作用。

第二节介绍了二维绘图功能。主要内容包括把 ASCII 数据导入工作表，进行各种设置，然后根据工作表的数据绘制各种类型的曲线图。

第三节介绍了 Origin 的数据管理功能。主要包括数列变换、排序、选择数据范围绘图、屏蔽数据点和线性拟合等内容。

第四节介绍了 Origin 的绘制多层图功能。图层是 Origin 中的一个重要概念，一个绘图窗口中可以有多个图层，从而可以创建和管理多个曲线或者图形对象。本节的主要内容是介绍 Origin 自带的多层图形的创建与定制的方法。

第五节介绍了 Origin 的函数拟合功能。Origin 提供了二百多个拟合函数，而且支持用户定制。本节主要内容包括菜单命令和拟合工具的使用方法，非线性最小平方拟合法和自定义拟合函数。

第六节介绍了 Origin 的数据分析功能。包括简单数学运算、统计（如 t 检验、方差分析等）、快速傅立叶变换、平滑和滤波、基线和峰值分析等。

第一节

Origin 基础知识

Origin 是美国 Microcal 公司出的数据分析和绘图软件，现在的最高版本为 7.5。http://www.originlab.com/

特点　使用简单，采用直观的、图形化的、面向对象的窗口菜单和工具栏操作，全面支持鼠标右键、支持拖拉方式绘图等。

两大类功能　数据分析和绘图。数据分析包括数据的排序、调整、计算、统计、频谱变换、曲线拟合等各种完善的数学分析功能。准备好数据后，进行数据分析时，只需选择所要分析的数据，然后再选择相应的菜单命令即可。Origin 的绘图是基于模板的，Origin 本身提供了几十种二维和三维绘图模板而且允许用户自己定制模板，绘图时，只要选择所需要的模板就行。用户可以自定义数学函数、图形样式和绘图模板；可以和各种数据库软件、办公软件、图像处理软件等方便的连接；可以用 C 等高级语言编写数据分析程序，还可以用内置的 Lab Talk 语言编程等。

一、工作环境

1. 工作环境综述

类似 Office 的多文档界面如图 6-1(上）所示，主要包括以下几个部分。

(1) 菜单栏　窗口的顶部是 Origin 的菜单栏，一般可以实现大部分功能。

(2) 工具栏　在菜单栏下面，一般最常用的功能都可以通过此实现。

(3) 绘图区　在窗口的中部，所有工作表、绘图子窗口等都在此。

(4) 项目管理器　在窗口的下部，类似资源管理器，可以方便切换各个窗口等。

(5) 状态栏　在底部，标出当前的工作内容以及鼠标指到某些菜单按钮时的说明。

2. 菜单栏

菜单栏的结构取决于当前的活动窗口。

工作表菜单，如图 6-2 所示。

绘图菜单，如图 6-3 所示。

矩阵窗口，如图 6-4 所示。

菜单简要说明

File：文件功能操作。打开文件、输入输出数据图形等。

Edit：编辑功能操作。包括数据和图像的编辑等，比如复制粘贴清除等，特别注意 undo

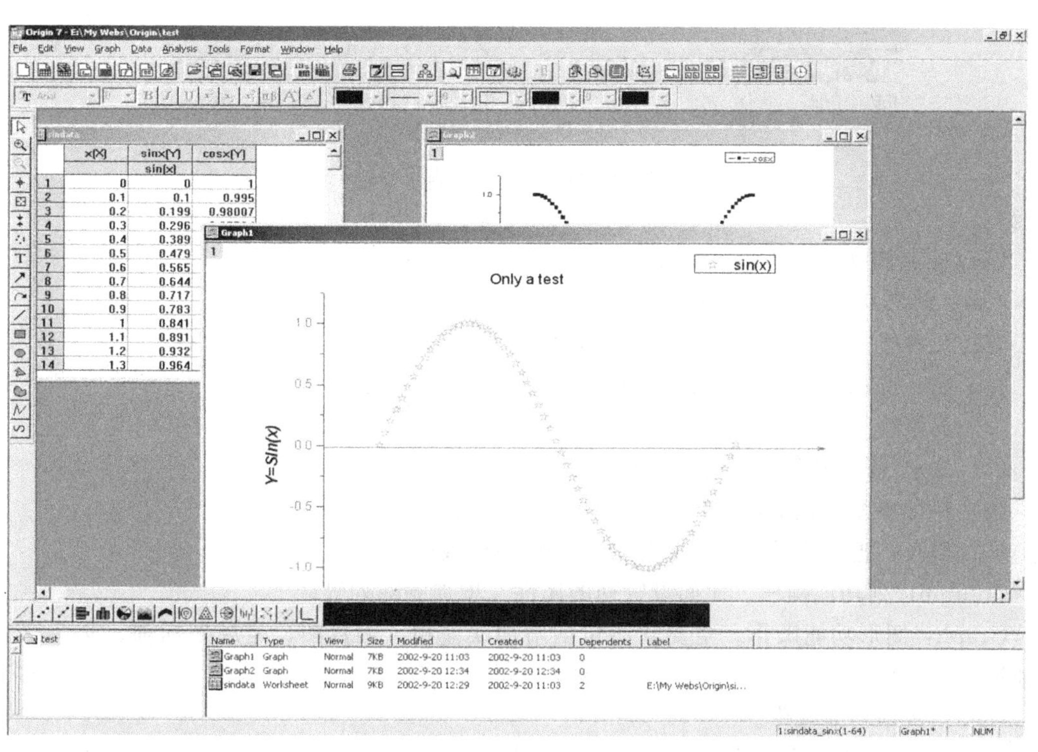

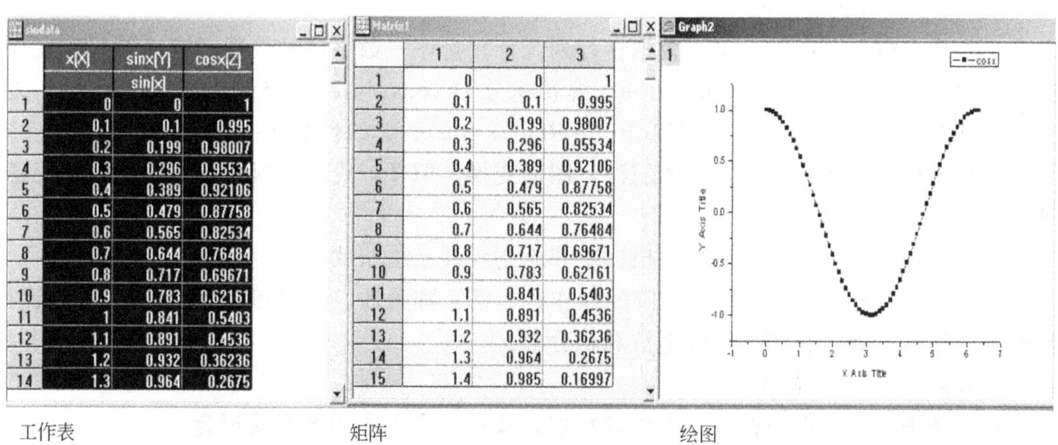

工作表　　　　　　　　矩阵　　　　　　　　绘图

图 6-1　Origin 的文档界面及菜单栏

图 6-2　Origin 的工作表菜单

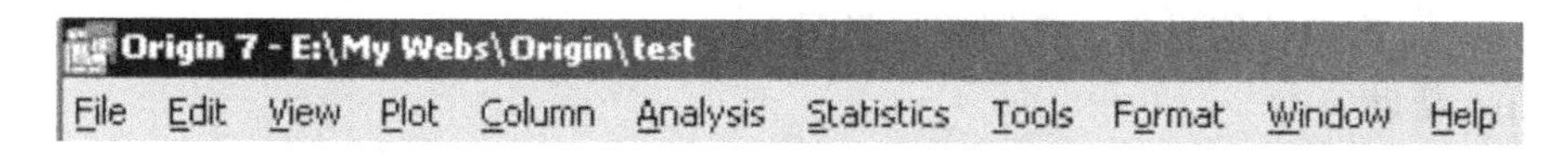

图 6-3　Origin 的绘图菜单

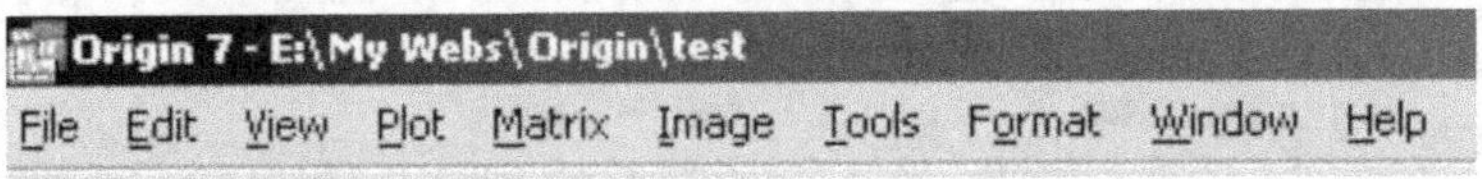

Origin 7 - E:\My Webs\Origin\test

File Edit View Plot Matrix Image Tools Format Window Help

图 6-4 Origin 的矩阵窗口

功能。

View：视图功能操作。控制屏幕显示。

Plot：绘图功能操作。主要提供 5 类功能，即

(1) 几种样式的二维绘图功能，包括直线、描点、直线加符号、特殊线/符号、条形图、柱形图、特殊条形图/柱形图和饼图；

(2) 三维绘图；

(3) 气泡/彩色映射图、统计图和图形版面布局；

(4) 特种绘图，包括面积图、极坐标图和向量；

(5) 模板，把选中的工作表数据导入到绘图模板；

Column：列功能操作。比如设置列的属性、增加删除列等。

Graph：图形功能操作。主要功能包括增加误差栏、函数图、缩放坐标轴、交换 X、Y 轴等。

Data：数据功能操作。

Analysis：分析功能操作。

对工作表窗口　提取工作表数据；行列统计；排序；数字信号处理（快速傅里叶变换 FFT、相关 Corelate、卷积 Convolute、解卷积分 Deconvolute)；统计功能（t-检验）、方差分析（ANOAV)、多元回归（Multiple Regression)；非线性曲线拟合等。

对绘图窗口　数学运算，平滑滤波，图形变换，FFT，线性多项式、非线性曲线等各种拟合方法。

Plot3D：三维绘图功能操作。根据矩阵绘制各种三维条状图、表面图、等高线等。

Matrix：矩阵功能操作。对矩阵的操作，包括矩阵属性、维数和数值设置，矩阵转置和取反，矩阵扩展和收缩，矩阵平滑和积分等。

Tools：工具功能操作。

对工作表窗口　选项控制；工作表脚本；线性、多项式和 S 曲线拟合。

对绘图窗口　选项控制，层控制，提取峰值，基线和平滑，线性、多项式和 S 曲线拟合。

Format：格式功能操作。

对工作表窗口　菜单格式控制、工作表显示控制、栅格捕捉、调色板等。

对绘图窗口　菜单格式控制，图形页面、图层和线条样式控制，栅格捕捉，坐标轴样式控制和调色板等。

Window：窗口功能操作。控制窗口显示。

Help：帮助。

二、基本操作

作图的一般需要一个项目 Project 来完成，File → New

保存项目的缺省后缀为：OPJ

自动备份功能：Tools → Option → Open/Close 选项卡→ "Backup Project Before Saving"

添加项目：File → Append

刷新子窗口：如果修改了工作表或者绘图子窗口的内容，一般会自动刷新，如果没有请 Window → Refresh。

这些基本窗口、菜单以及基本操作都要慢慢熟练，才能做到运用自如、灵活应用。

第二节 简单二维图

在化学类学习以及科研工作中，经常需要绘制简单的二维图，用简单的二维图来表达某种结果，试图得到某种规律性的结果。有不少软件可以达到绘制简单二维图的目的，例如 Excell、word 中自带的也有绘制简单二维图的插件，但是这些软件都没有 Origin 来得那么简单直接，Origin 对二维图的编辑修改之便捷也是其它软件无法比拟的。

一、输入数据

绘制简单二维图，一般来说数据按照 XY 坐标存为两列，这些数据既可以从弹出的表格中，按照 XY 轴用键盘分别输入，也可以从现成的各类文件中调用。假设从 dat 数据库调入数据，假设文件为sindata. dat，如下格式

x sin(x)

0.0 0.000

0.1 0.100

0.2 0.199

0.3 0.296

…………

输入数据请对准 datal 表格点右键弹出如下窗口，然后选择 Import ASCⅡ 找到 sindata. dat 文件打开就行，结果如图 6-5 所示。

二、绘制简单二维图

数据输入或者调入表格后，按住鼠标左键拖动选定这两列数据，用图 6-6 最下面一排按钮就可以绘制简单的图形，按从左到右 3 个按钮做出的效果如图 6-6～图 6-8 所示。

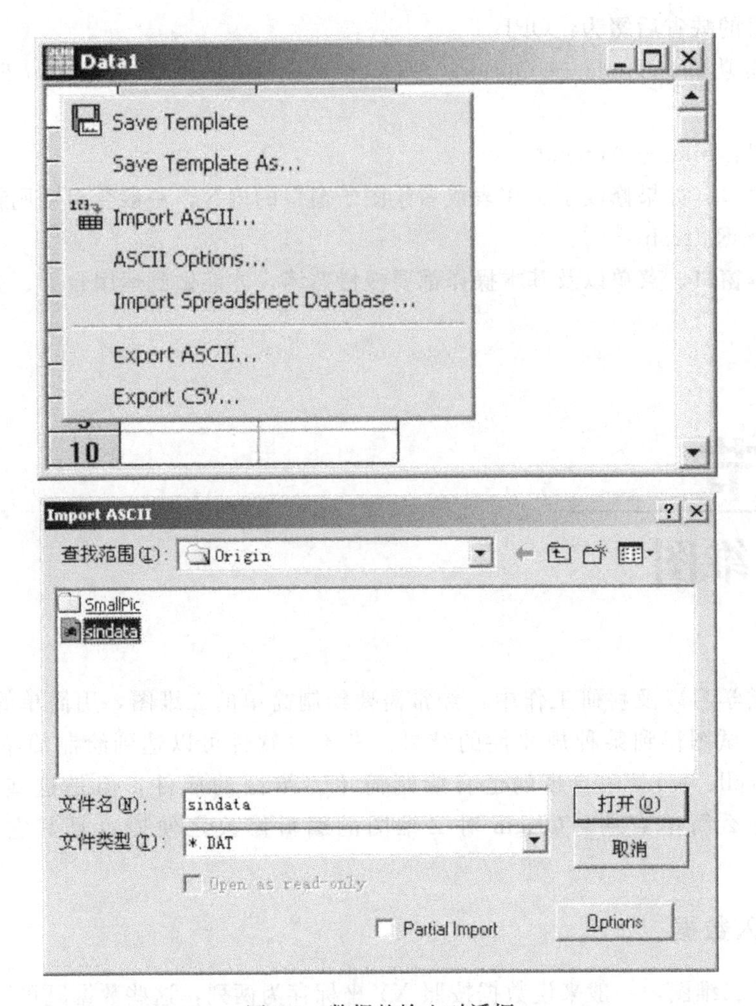

图 6-5　数据的输入对话框

sindata

	x[X]	sinx[Y] sin[x]
1	0	0
2	0.1	0.1
3	0.2	0.199
4	0.3	0.296
5	0.4	0.389
6	0.5	0.479
7	0.6	0.565
8	0.7	0.644
9	0.8	0.717

图 6-6　绘制简单二维图形之数据输入

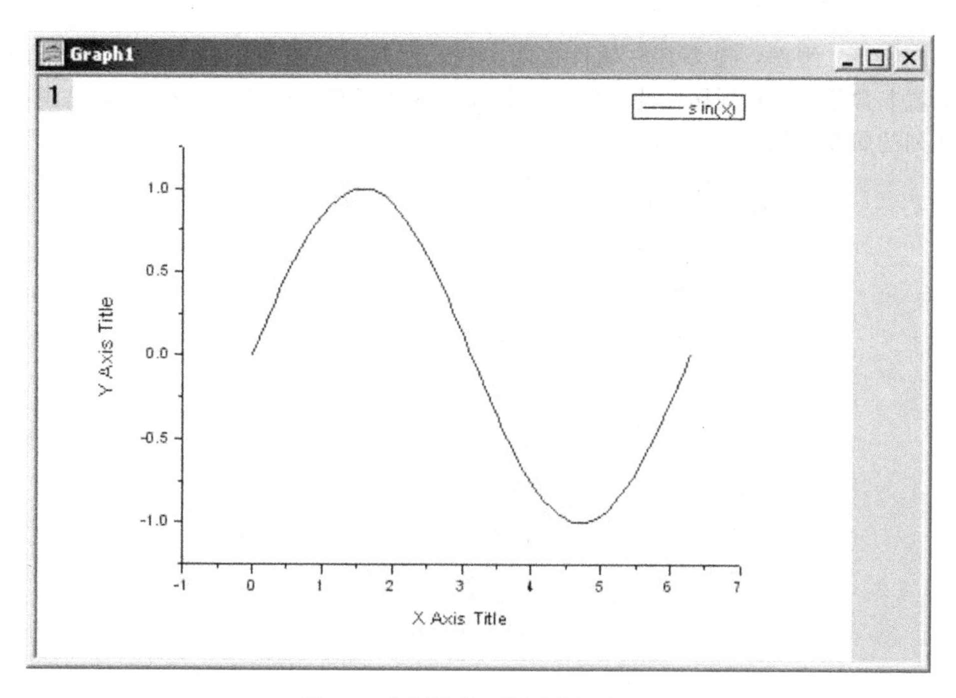

图 6-7　绘制简单二维图形之图形 1

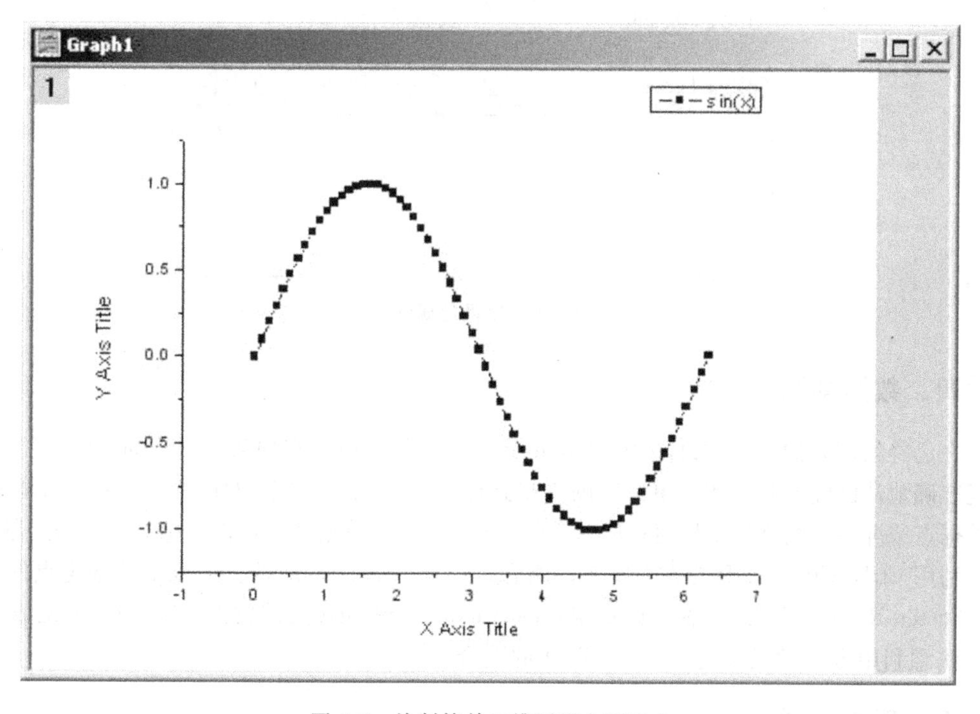

图 6-8　绘制简单二维图形之图形 2

最下面一排图形类别选择按钮有很多种，可以根据自己的专业特点以及需要来选择，可得到不同类型的简单二维图。

三、设置列属性

绘制简单二维图，很多其它软件也能实现，但是对已做好的简单二维图进行修改，Origin 就非常便捷。对列属性的设置，双击 *A* 列或者点右键选择 Properties，这里可以设置一些列的属性，如图 6-9 所示。

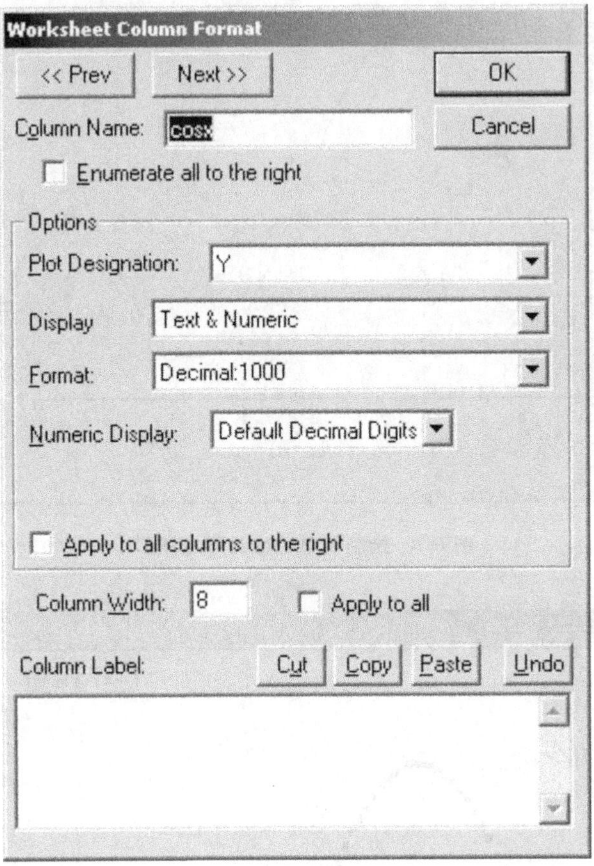

图 6-9　设置列属性

四、数据浏览

在已经绘制好的简单二维图中，Origin 还有其它软件所没有的数据浏览的功能，能非常便捷准确地从已经绘制好的简单二维图中找到你需要浏览的数据。Data Display 动态显示所选数据点或屏幕点的 *XY* 坐标值；Data Selector 选择一段数据曲线，作出标志，一是用鼠标，二是利用 Ctrl，Ctrl+Shift 与左右箭头的组合；Data Reader 读取数据曲线上的选定点的 *XY* 值；Screen Reader 读取绘图窗口内选定点的 *XY* 值；Enlarger 局部放大曲线；Zoom 缩放。

注意利用方向键以及与 Ctrl 和 Shift 的组合。

五、定制图形

Origin 对已经绘制好的简单二维图还可以实现图形的定制，比如，定制数据曲线，用于区别不同的影响因素，直观地反映出影响因素对指标的影响；也可以定制坐标轴，对坐标轴（包括 X 轴和 Y 轴）的起点、跨度、文本说明、坐标示意等都能定制出来；还可以添加文本说明、添加日期和时间标记等。

1. 定制数据曲线

用鼠标双击图线，调出下面窗口，如图 6-10 所示。

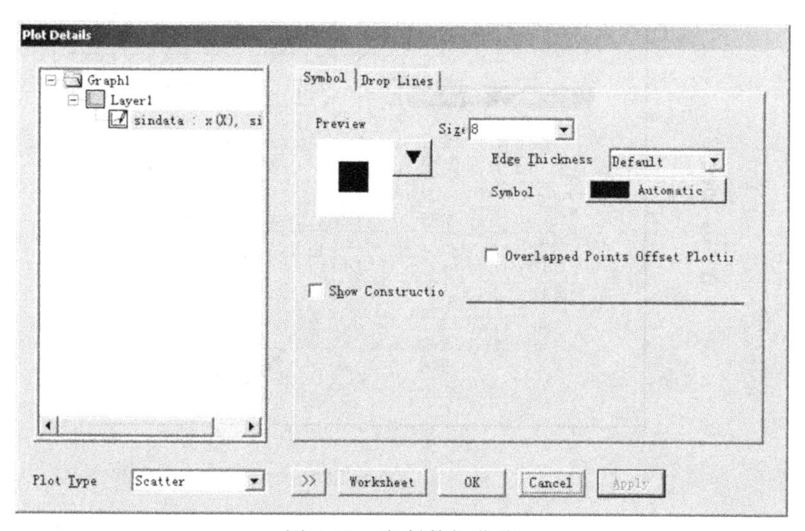

图 6-10　定制数据曲线

2. 定制坐标轴

双击坐标轴即可得到，如图 6-11 所示。

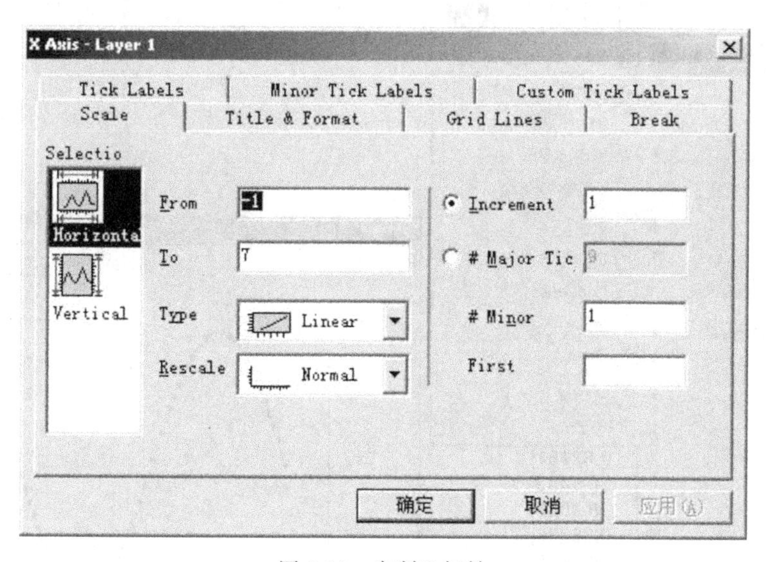

图 6-11　定制坐标轴

3. 添加文本说明

T 用左侧按钮 T，如果想移动位置，可以用鼠标拖动。注意利用 Symbol Map 可以方便的添加特殊字符。做法是在文本编辑状态下，点右键，然后选择 Symbol Map，如图6-12所示。

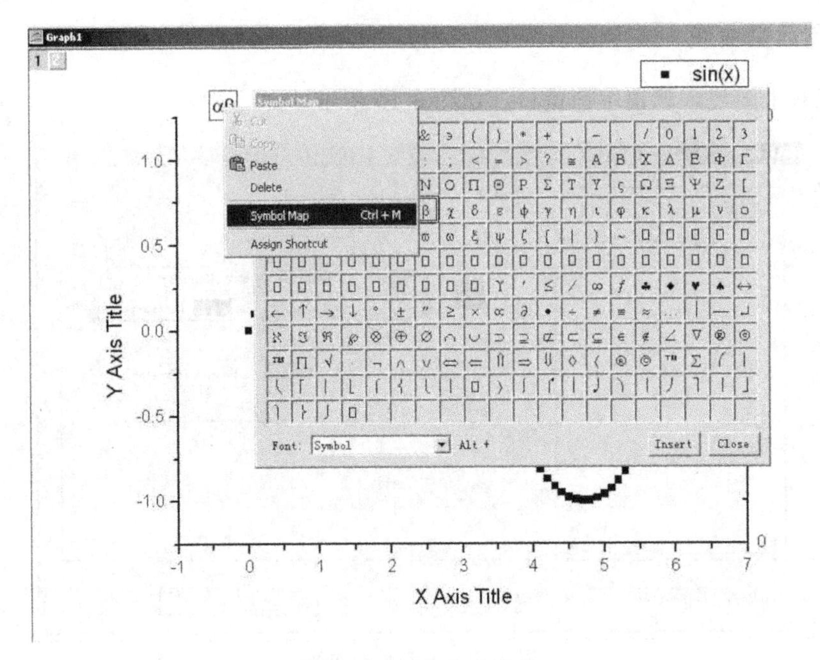

图 6-12 添加文本说明

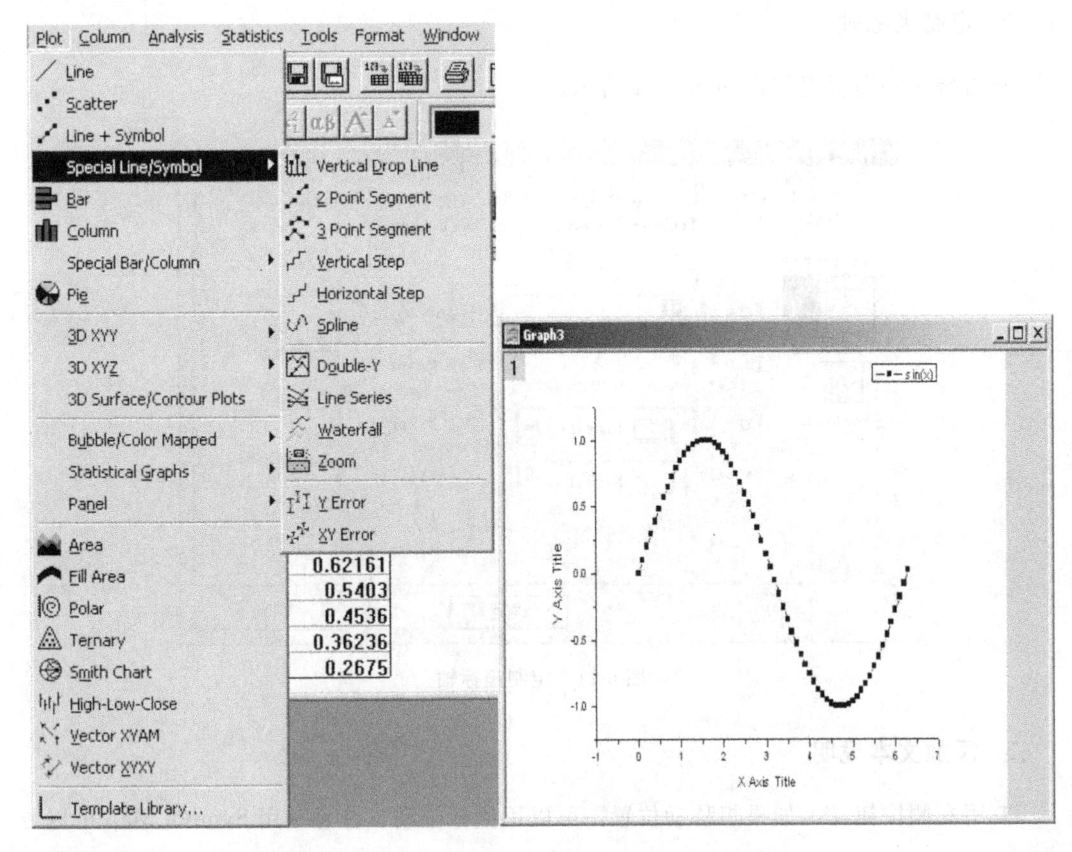

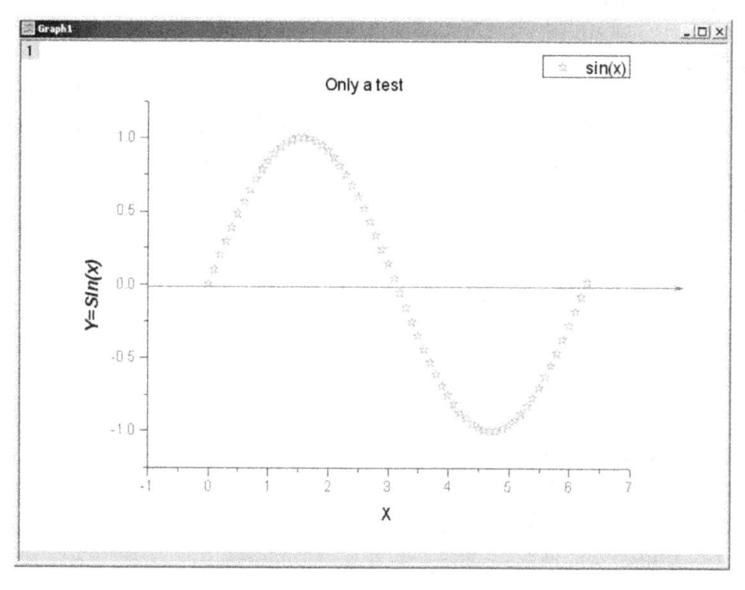

图 6-13 添加日期和时间标记

4. 添加日期和时间标记

Graph 工具栏上的

利用下面的菜单可以作出很多特殊要求的图像，比如两点线段图、三点线段图、水平（垂直）阶梯图、样条曲线图、垂线图等，如图 6-13 所示。

第三节 数据管理

Origin 软件，不仅有非常强大的绘图功能，而且有非常强大的数据处理、分析功能。对数据的管理，包括数据文件的导入、数列的变换、数据的排序、频率记数、数据的规格化、选择数据范围作图、屏蔽曲线中的数据点、曲线拟合等等常用的数据管理功能都能通过 Origin 简单便捷的实现。

一、导入数据文件

数据的输入或者导入在前面第二节已经简要介绍过，可以直接根据实验记录用键盘人工输入，在打开 Origin 的表格中，主要利用 Import 输入文件中的数据，也支持直接数据粘贴等。这样很多其它仪器记录的数据（存为 ASCII 或保存在 excel、记事本）都可以直接导入 Origin 软件中使用。

二、变换数列

在前面的基础上，增加一列 cos(x)，这不需要另算数据而利用 Origin 本身就可以做到，如图 6-14 所示。在数据表上点右键选择 Add New Column，就可以增加一列。增加一列后，结果如图 6-15 所示。

sindata

	x[X]	sinx[Y]
		sin[x]
1	0	0
2	0.1	0.1
3	0.2	0.199
4	0.3	0.296
5	0.4	0.389
6	0.5	0.479
7	0.6	0.565
8	0.7	0.644
9	0.8	0.717
10	0.9	0.783
11	1	0.841
12	1.1	0.891
13	1.2	0.932
14	1.3	0.964
15	1.4	0.985
16	1.5	0.997
17	1.6	1
18	1.7	0.992
19	1.8	0.974
20	1.9	0.946

Paste
Add Text...
Add New Column
Clear Worksheet
Go To Row...
Mask
Color...
Properties...

图 6-14　变换数列之 1

sindata

	x[X]	sinx[Y]	A[Y]
		sin[x]	
1	0	0	
2	0.1	0.1	
3	0.2	0.199	
4	0.3	0.296	
5	0.4	0.389	
6	0.5	0.479	
7	0.6	0.565	
8	0.7	0.644	
9	0.8	0.717	
10	0.9	0.783	
11	1	0.841	
12	1.1	0.891	
13	1.2	0.932	
14	1.3	0.964	
15	1.4	0.985	
16	1.5	0.997	
17	1.6	1	
18	1.7	0.992	
19	1.8	0.974	
20	1.9	0.946	

图 6-15　变换数列之 2

对准 A(Y) 列点右键选择 Set Column Values，并设置下面输入框中 cos(col(x))，点击 OK 得到如图 6-16 所示。输入数据后见图 6-17。

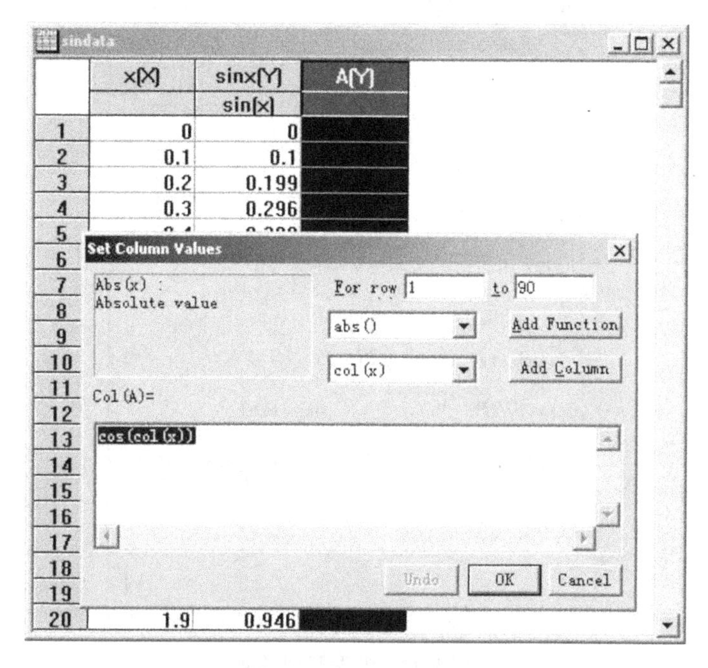

图 6-16 变换数列之 3

sindata

	x[X]	sinx[Y]	A[Y]
		sin[x]	
1	0	0	1
2	0.1	0.1	0.995
3	0.2	0.199	0.98007
4	0.3	0.296	0.95534
5	0.4	0.389	0.92106
6	0.5	0.479	0.87758
7	0.6	0.565	0.82534
8	0.7	0.644	0.76484
9	0.8	0.717	0.69671
10	0.9	0.783	0.62161
11	1	0.841	0.5403
12	1.1	0.891	0.4536
13	1.2	0.932	0.36236
14	1.3	0.964	0.2675

图 6-17 变换数列之 4

双击 A 列或者点右键选择 Properties，这里可以设置一些列的属性，如图 6-18 所示。并做 cos(x) 图，如图 6-19 所示。

三、数据排序

Origin 可以做到单列、多列甚至整个工作表数据排序，命令为“sort…”。

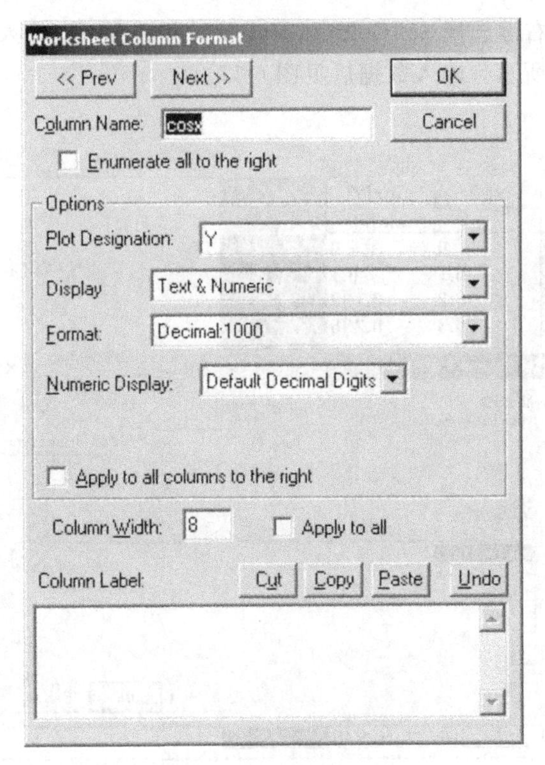

图 6-18　变换数列之 5

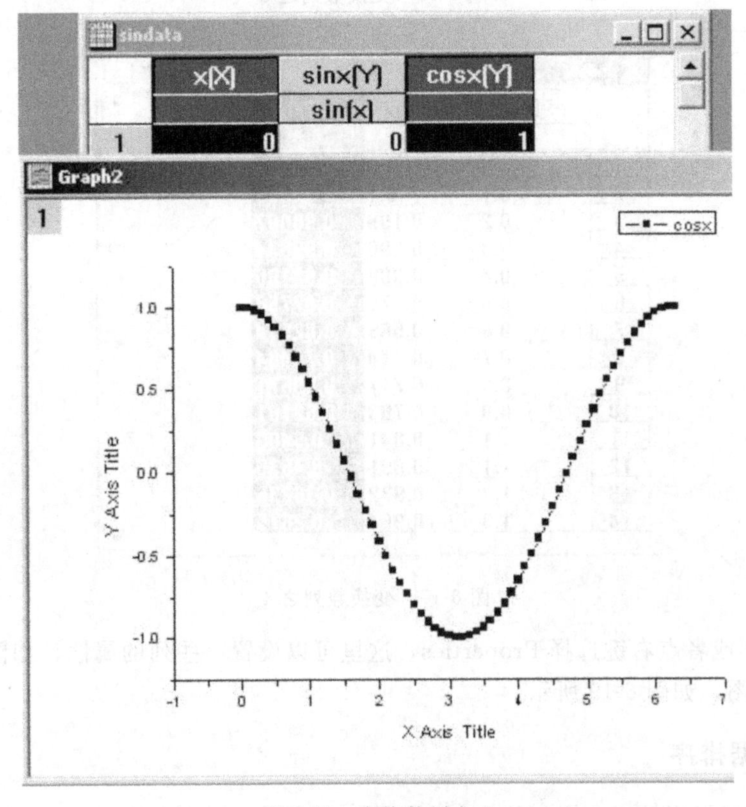

图 6-19　变换数列之 6

最为复杂的是整个工作表排序，选定整个工作表的方法是鼠标移到工作表左上角的空白方格的右下角变为斜向下的箭头时单击。如图 6-20 所示。

sindata

	x(X)	sinx(Y)	cosx(Z)
		sin(x)	
1	0	0	1
2	0.1	0.1	0.995
3	0.2	0.199	0.98007
4	0.3	0.296	0.95534
5	0.4	0.389	0.92106
6	0.5	0.479	0.87758
7	0.6	0.565	0.82534
8	0.7	0.644	0.76484
9	0.8	0.717	0.69671
10	0.9	0.783	0.62161
11	1	0.841	0.5403
12	1.1	0.891	0.4536
13	1.2	0.932	0.36236
14	1.3	0.964	0.2675

图 6-20　数据的排序

四、频率记数

Frequency Count 统计一个数列或其中一段中数据出现的频率，做法是对准某一列或者选定的一段点右键选择 Frequency Count；弹出对话框如图 6-21 所示 BinCtr 指数据区间的中心值；Count 指落入该区间的数据个数，即频率计数值；BinEnd 指数据区间右边界值；Sum 指频率计数值的累计和。

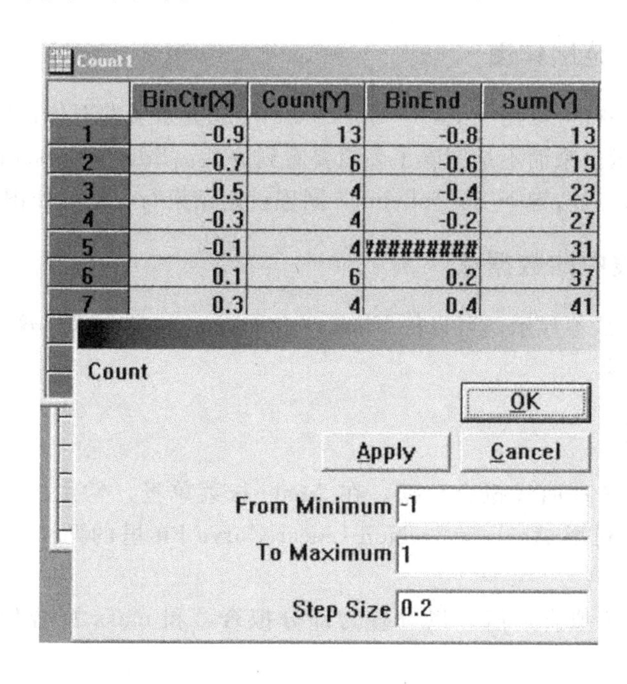

	BinCtr(X)	Count(Y)	BinEnd	Sum(Y)
1	-0.9	13	-0.8	13
2	-0.7	6	-0.6	19
3	-0.5	4	-0.4	23
4	-0.3	4	-0.2	27
5	-0.1	4	#########	31
6	0.1	6	0.2	37
7	0.3	4	0.4	41

图 6-21　频率记数

五、规格化数据

规格化数据的具体方法是：选择某一列，右键→ Normalize，如图 6-22 所示。

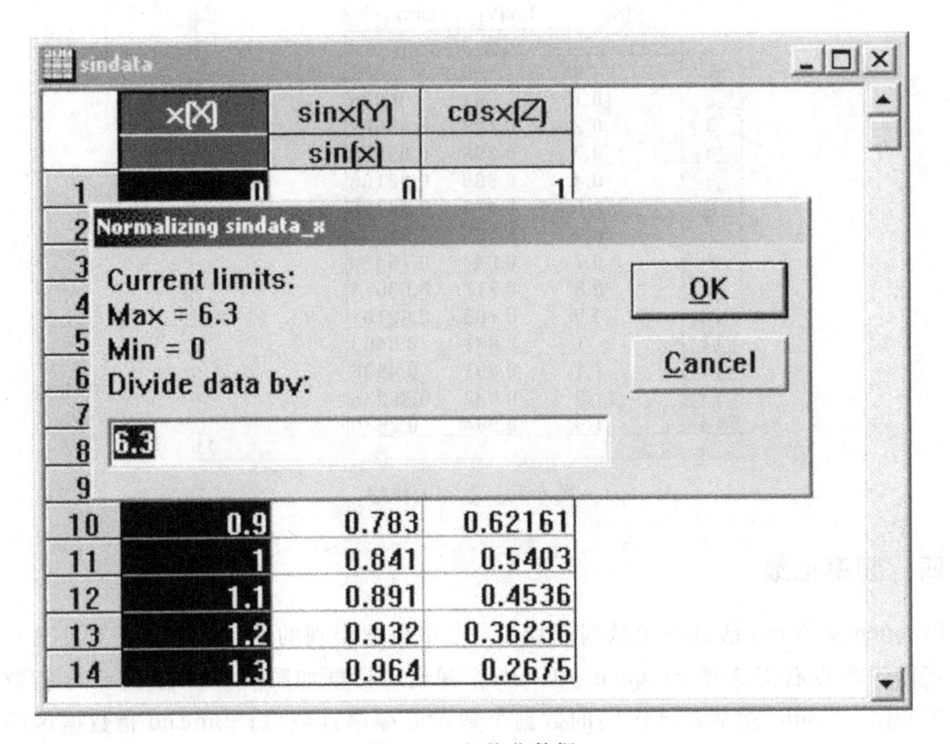

图 6-22 规格化数据

六、选择数据范围作图

如果想跳到某一行可以用 View → Go To Raw(这里如果发现你设定的行之前的都没了，这仅仅是没显示出来而不是删除了，想要看到的话：Edit → ResetToFullRange)；找到你想要的开始行，点右键→ SetAsBegin，同理设定结束行，然后作图。

七、屏蔽曲线中的数据点

Mask 工具栏默认不显示，可以从 View → Toolbars 设置出来。这样可以用设置屏蔽区间或者点的颜色等。

八、曲线拟合

曲线拟合即用各种曲线拟合数据，在 Analysis 菜单里，常用的有线性拟合、多项式拟合等，还可以利用 Analysis → Non-Linear Curve Fit 里的两个选项做一些特殊的拟合。

默认为整条曲线拟合，但可以设置为部分拟合，和 mask 配合使用会得到很好的效果。

第四节 绘制多层图形

图层是 Origin 中的一个很重要的概念，一个绘图窗口中可以有多个图层，从而可以方便的创建和管理多个曲线或图形对象。在化学图形以及数据处理、数据分析中，经常需要对同一变量、不同的指标进行考察比较，多层图形就可以轻松实现，这也是其它软件无法做到的。下面介绍多层图形的绘制方法。

一、打开项目文件

多层图形的绘制，可以利用表格直接输入一个 X 轴数据，再分别输入不同的因变量（Y 轴、Z 轴）然后分别做成多层图形，多层图形有双 Y 轴（DoubleYAxis）、水平双屏（Horizontal2Panel）、垂直双屏（Vertical2Panel）和四屏（4Panel）图形模板，下面通过一个 Origin 自带的一个例子来说明，例子为 \ Tutorial \ Tutorial _ 3. opj，如图 6-23 所示。

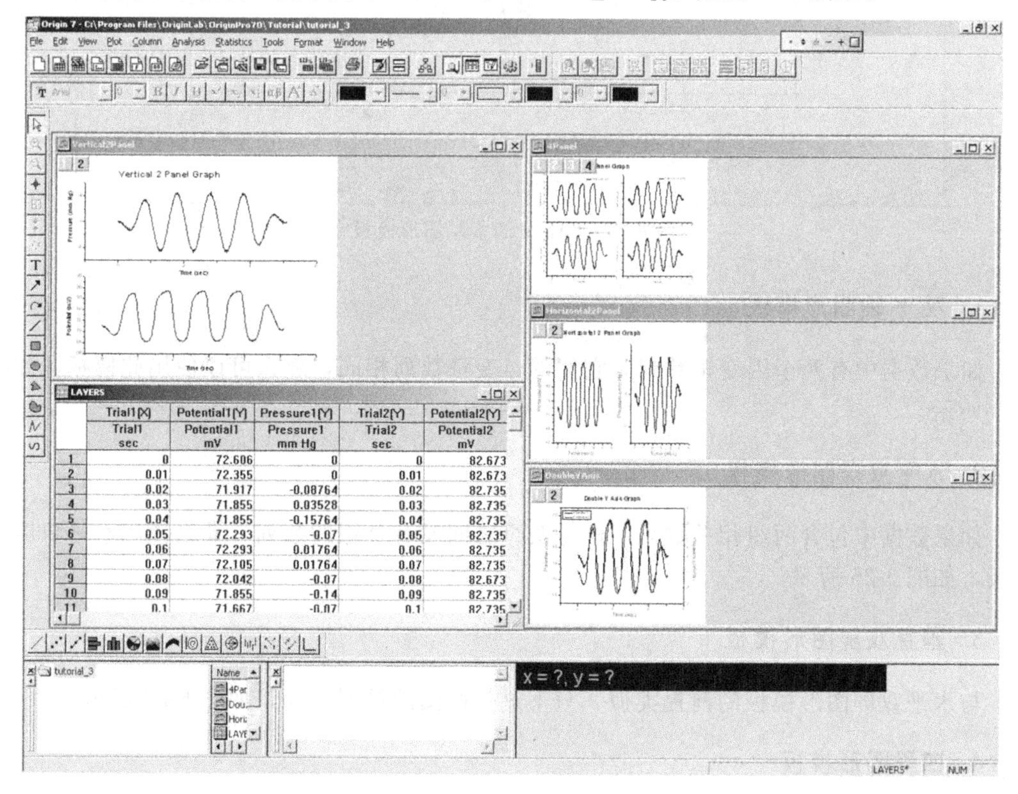

图 6-23　打开项目文件

二、Origin 的多层图形模板

Origin 自带了几个多图层模板，这些模板允许你能够在取得数据以后，只需单击“2D Graphs Extended”工具栏上相应的命令按钮，就可以在一个绘图窗口把数据绘制为多层图。

在项目 \ Tutorial \ Tutorial _ 3. opj 中 4 个绘图窗口即为 4 个图形模板，它们分别为双 Y 轴（DoubleYAxis）、水平双屏（Horizontal2Panel）、垂直双屏（Vertical2Panel）和四屏（4Panel）图形模板。如图 6-24 所示。

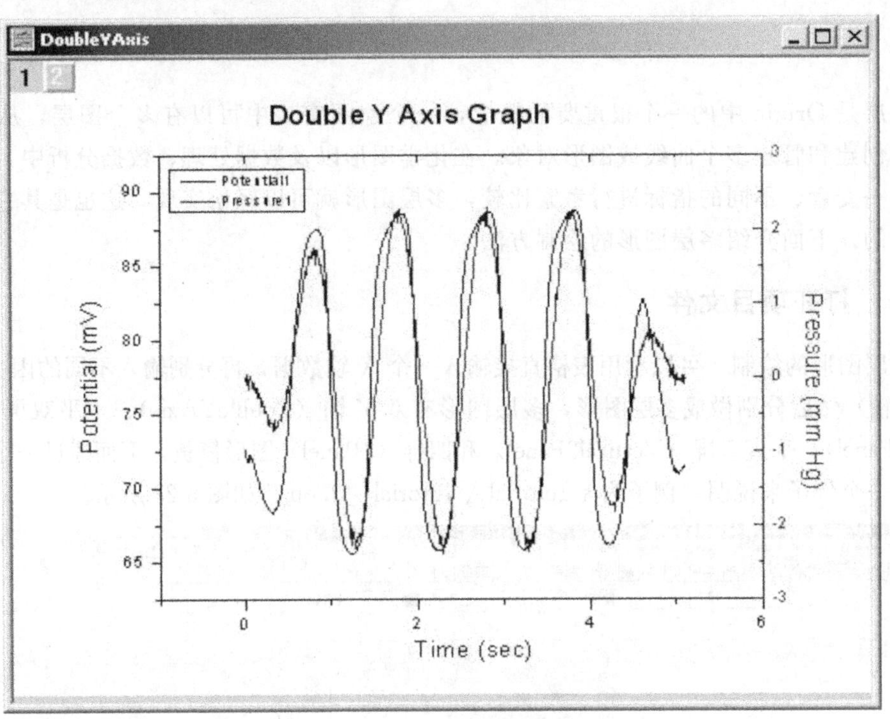

图 6-24 Origin 的多层图形模板

1. 双 Y 轴图形模板

如果数据中有两个因变量数列，它们的自变量数列相同，那么可以使用此模板，如图 6-25 所示。

2. 水平双屏图形模板

如果数据中包含两组相关数列，但是两组之间没有公用的数列，那么使用水平双屏形模板，如图 6-26 所示。

3. 垂直双屏图形模板

与水平双屏图形模板的前提类似，只不过是两图的排列不同，如图 6-27 所示。

4. 四屏图形模板

如果数据中包含 4 组相关数列，而且它们之间没有公用的数列，那么使用四屏图形模板。

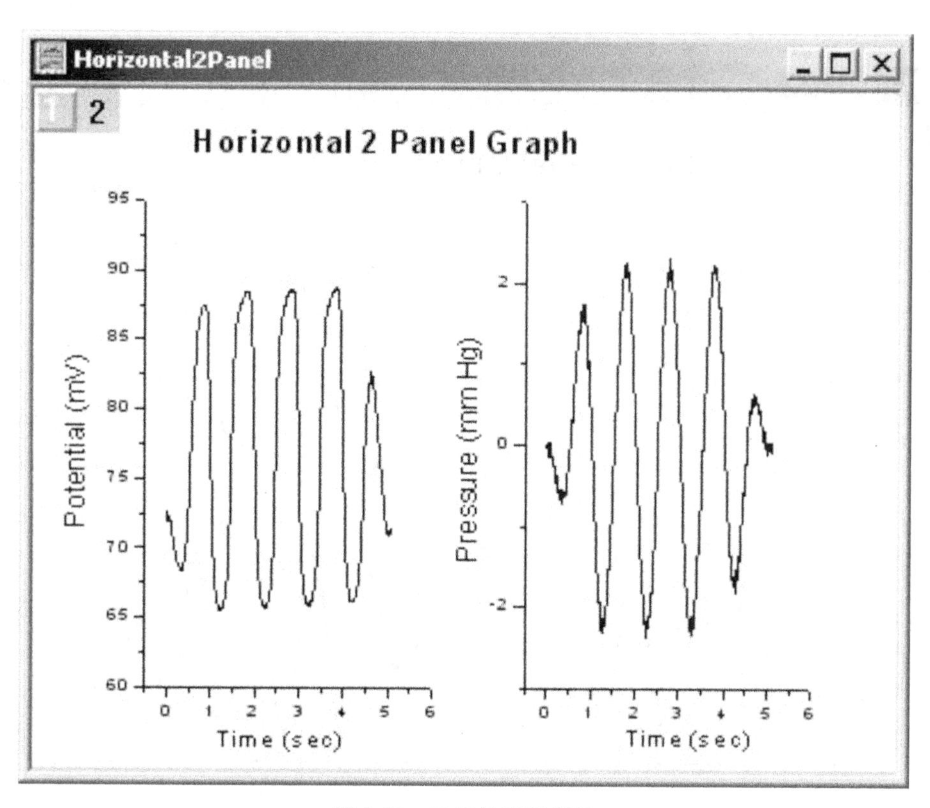

图 6-25　双 Y 轴图形模板

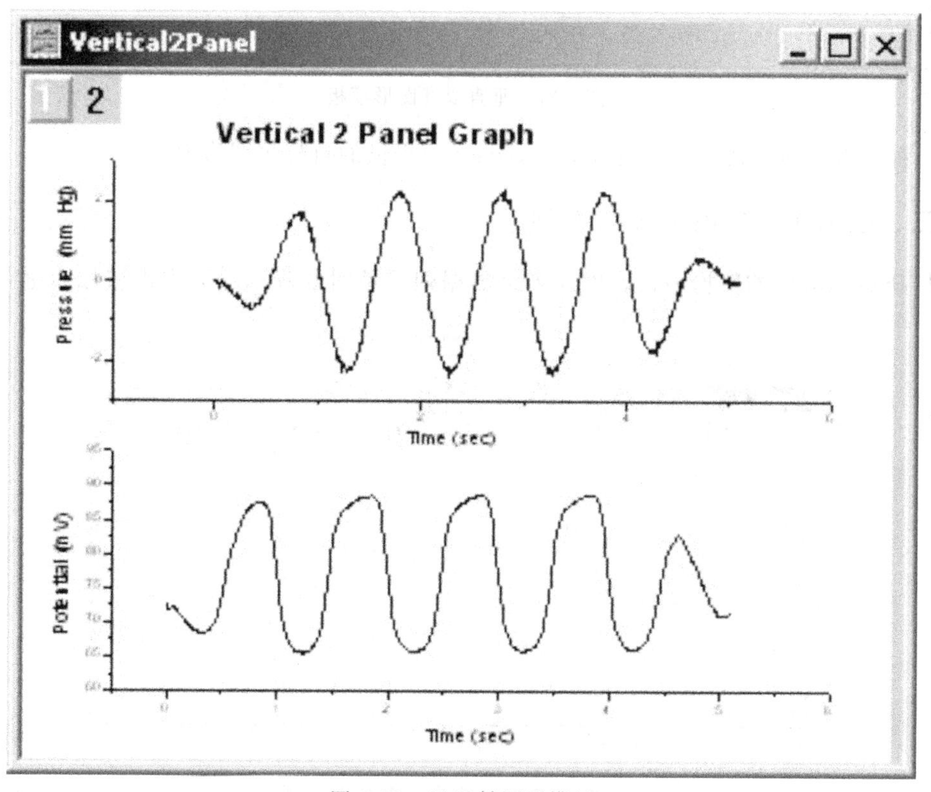

图 6-26　双 X 轴图形模板

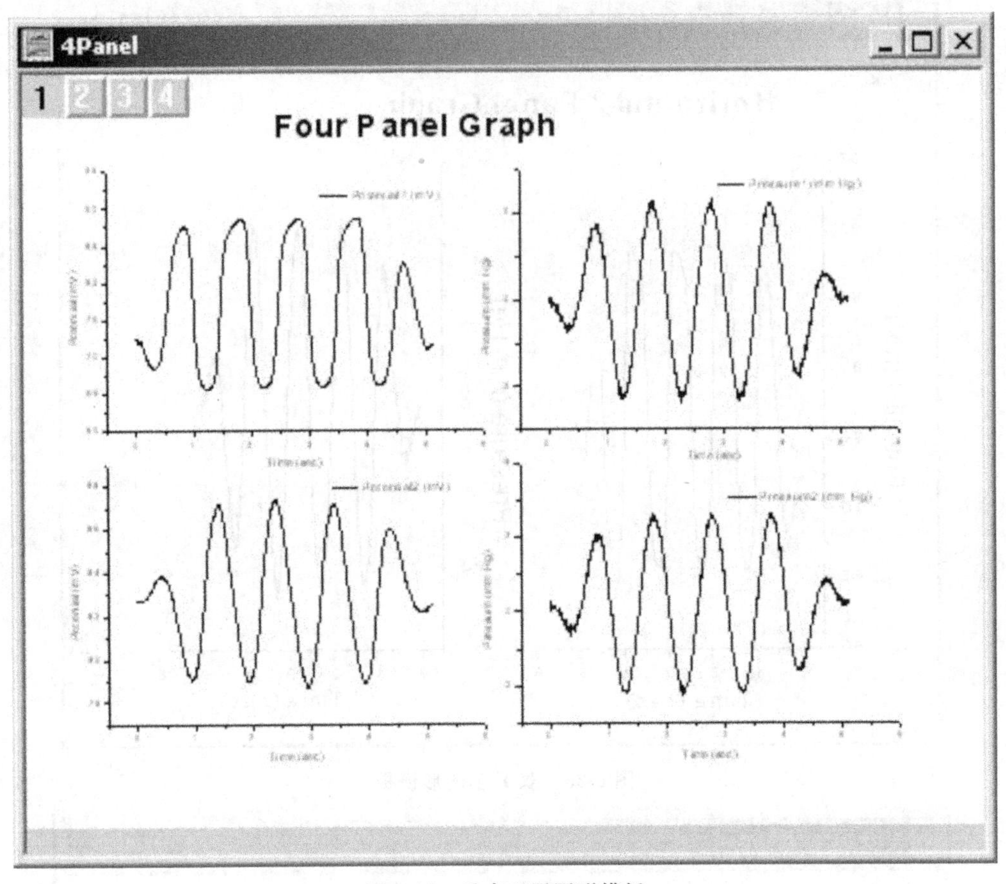

图 6-27　垂直双屏图形模板

上述 4 种模板再加上九屏图形模板就是 Origin 所提供的自带多图形模板。

三、在工作表中指定多个 *X* 列

打开 Origin 中的数据表格，增加多个数据列，见图 6-28；然后点击鼠标右键，见图 6-29。

Data1

	A(X)	B(Y)	C(Y)	D(Y)	E(Y)	F(Y)
1						
2						
3						
4						
5						
6						
7						
8						
9						
10						
11						

图 6-28　在工作表中指定多个 X 列之 1

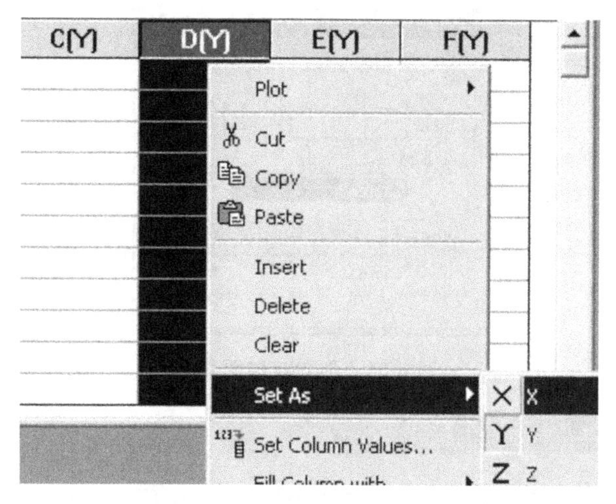

图 6-29　在工作表中指定多个 X 列之 2

对准 D 点右键选择 SetAs X 设为 X 列得到。如图 6-30 所示。

Data1

	A(X1)	B(Y1)	C(Y1)	D(X2)	E(Y2)	F(Y2)
1						
2						
3						
4						
5						
6						
7						
8						
9						
10						
11						

图 6-30　在工作表中指定多个 X 列之 3

说明：默认 Y 与左侧最近的 X 轴关联，也就是 BC 与 A，EF 与 D 关联。

四、创建多层图形

Origin 允许用户自己定制图形模板。如果你已经创建了一个绘图窗口，并将它存为模板，以后就可以直接基于此模板绘图，而不必每次都一步步创建并定制同样的绘图窗口。

1. 创建双层图

步骤：

（1）激活“Layers”的工作表窗口。

（2）单击“sinx”列的标题栏，使其高亮，表示该列被选中。

（3）作出单层图。

（4）在激活 Layer 窗口的前提下，Tools→Layer，如图 6-31 所示，这个工具包含两类：Add 图层和 Arrange 图层。

双击图层 2 做成图 6-32 那样，然后 OK。结果如图 6-33 所示。

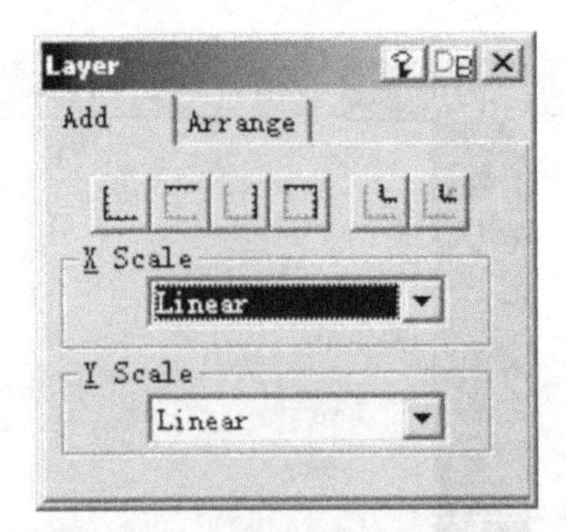

图 6-31 创建双层图之 1

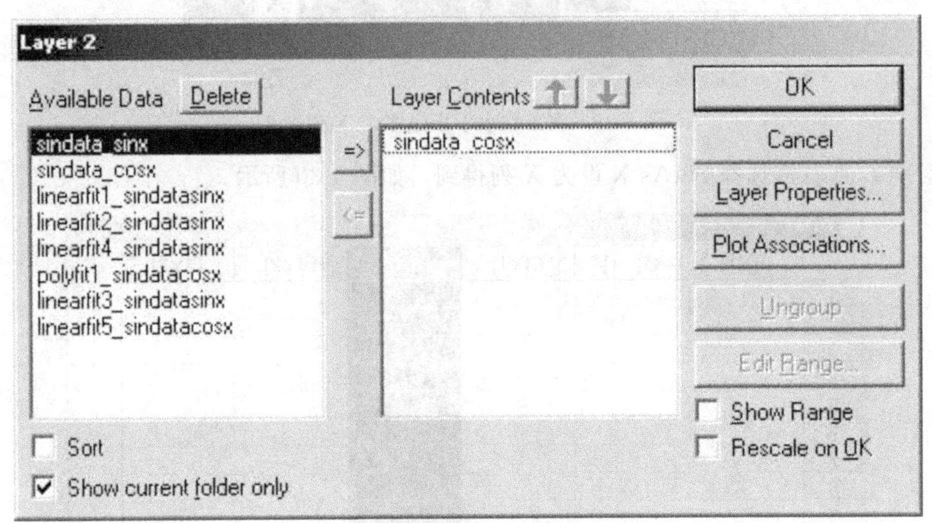

图 6-32 创建双层图之 2

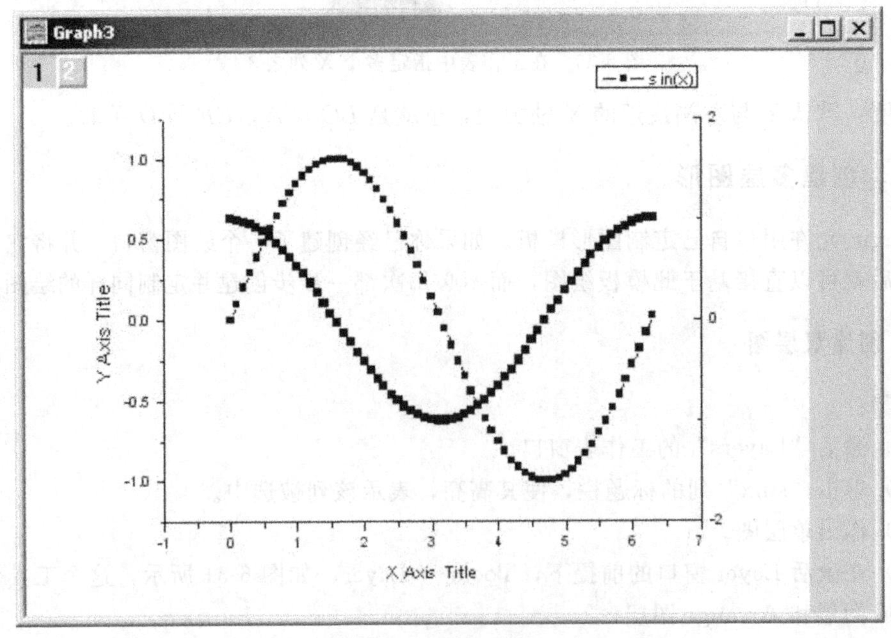

图 6-33 创建双层图之 3

2. 关联坐标轴

Origin 可以在各图层之间的坐标轴建立关联，如果改变某一图层的坐标轴比例，那么其它图层的也相应改变。

做法是双击 Layer 上的 2 图标，在调出的 Layer 对话框中点 Layer Properties，然后选择 Link Axes Scales，如图 6-34 所示。

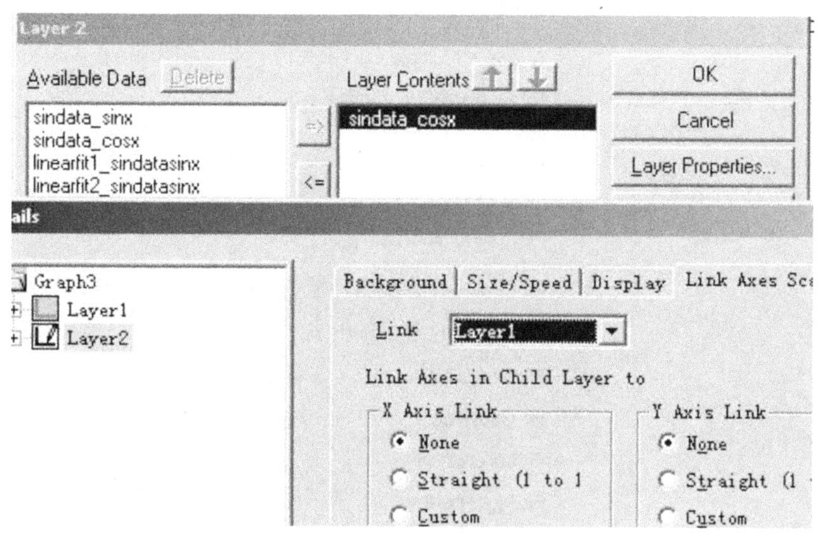

图 6-34　关联坐标轴

五、存为模板

File → Save Template As，以后就可以用此模板。

调用模板用此工具栏上的最后一个按钮。

第五节 非线性拟合

拟合曲线的目的是要根据已知数据找出相应函数的系数。

一、使用菜单命令拟合

首先激活绘图窗口，选择菜单命令 Analysis，则可以看到如图 6-35 所示。

在 Origin 的 Analysis 菜单命令中，有很多不同的拟合函数，见表 6-1。

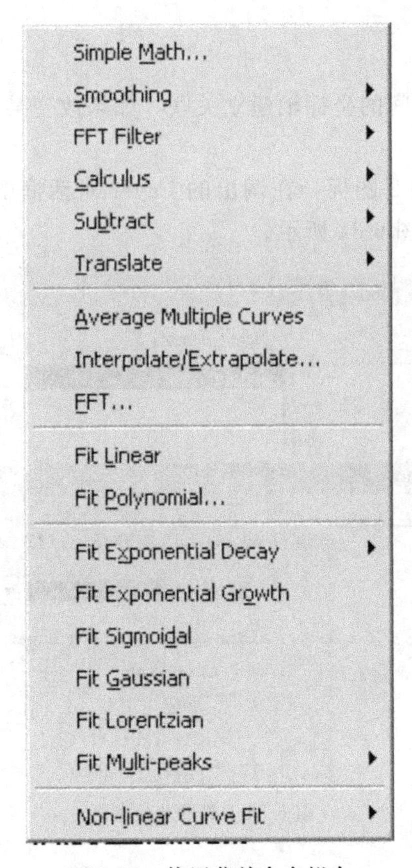

图 6-35 使用菜单命令拟合

表 6-1 拟合名称、含义及对应的拟合模型函数

名 称	含 义	拟合模型函数
Fit Linear	线性拟合	$y=A+B^{*}x$
Fit Polynomial	多项式拟合	$y=A+B_1^{*}x+B_2^{*}x^2$
Fit Exponential Decay	指数衰减拟合	$y=y_0+A_1\mathrm{e}^{-x/t_1}$
Fit Exponential Growth	指数增长拟合	$y=y_0+A_1\mathrm{e}^{-x/t_1}$
Fit Sigmoidal	S 拟合	$y=\frac{A_1-A_2}{1+\mathrm{e}^{(x-x_0)/dx}}+A_2$
Fit Gaussion	Gaussion 拟合	$y=y_0+\frac{A}{w\cdot\sqrt{\frac{\pi}{2}}}\mathrm{e}^{-\frac{2(x-x_0)^2}{w^2}}$
Fit Lorentzian	Lorentzian 拟合	$y=y_0+\frac{2\cdot A}{\pi}\cdot\frac{w}{4(x-x_0)^2+w^2}$
Fit Multipeaks	多峰值拟合	按照峰值分段拟合，每一段采用 Gaussion 或者 Lorentzian 方法
Nonlinear Curve Fit	非线性曲线拟合	内部提供了相当丰富的拟合函数，还支持用户定制

二、使用拟合工具拟合

为了给用户提供更大的拟合控制空间，Origin 提供了 3 种拟合工具，即线性拟合工具、多项式拟合工具、S拟合工具。

三、非线性最小平方拟合 NLSF

这是 Origin 提供的功能最强大、使用也最复杂的拟合工具。方法是 Analysis → Non-Linear Curve Fit → Advanced Fitting Tools 或者 Fitting Wizard。如图 6-36 所示；再点击 Function File 中的 ExpDecay2，结果如图 6-37 所示。

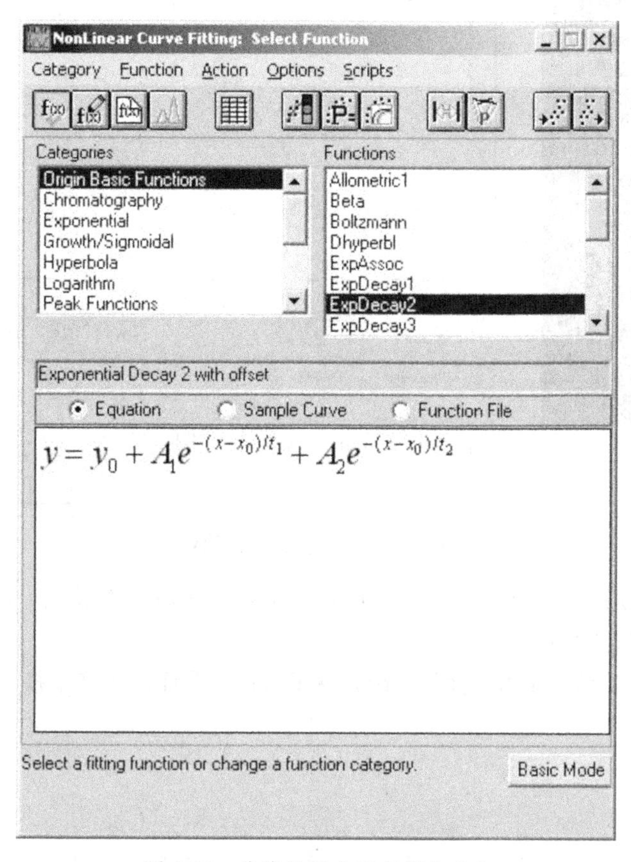

图 6-36　非线性最小平方拟合之 1

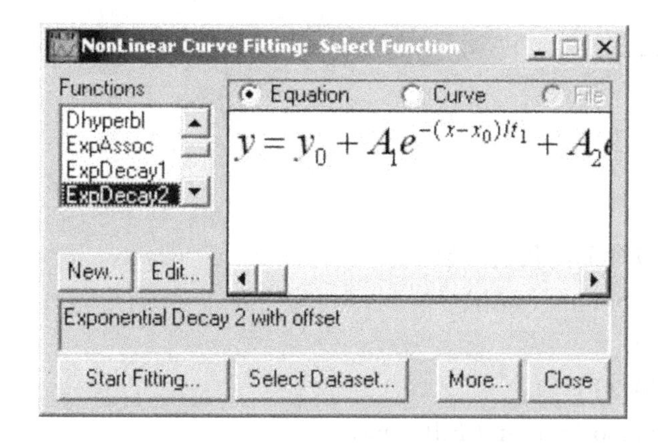

图 6-37　非线性最小平方拟合之 2

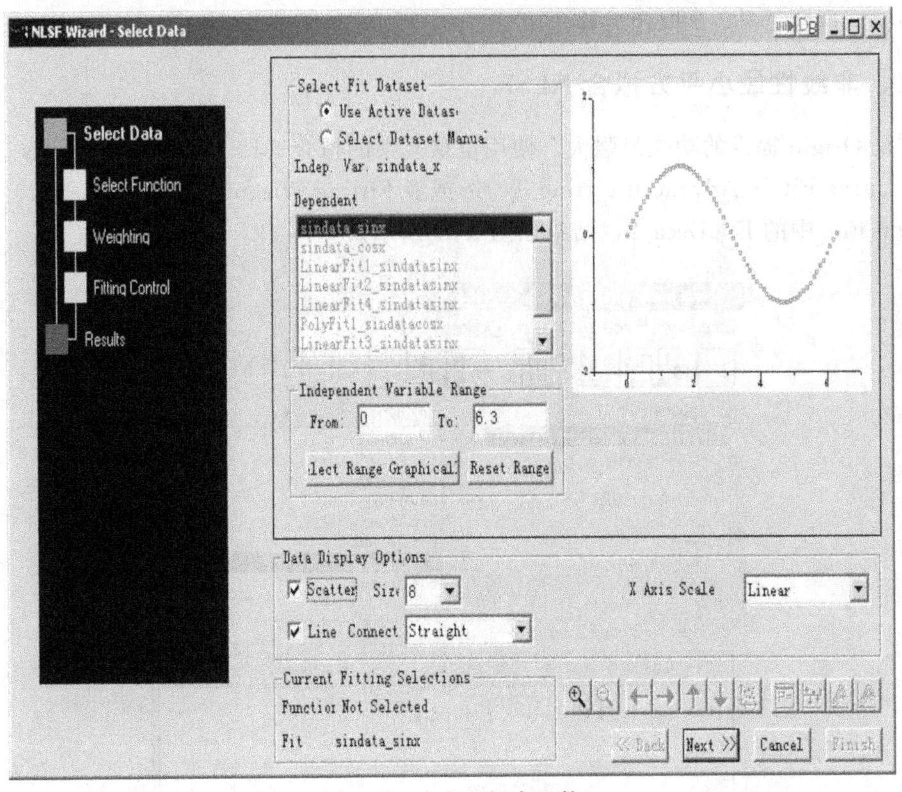

图 6-38　自定义拟合函数

高级模式　利用 Function → new 可以自定义拟合函数基本模式，利用 new 可以自定义拟合函数。如图 6-38 所示。

Wizard 模式　高级模式中利用 Action → Dataset 设置，在基本模式中用 Select Dataset 设置。

第六节

数据分析

数据分析主要包含下面几个功能：

简单数学运算（Simple Math）

统计（Statistics）

快速傅里叶变换（FFT）

平滑和滤波（Smoothing and Filtering）

基线和峰值分析（Baseline and Peak Analysis）

一、简单数学运算

数据来自 Tutorial \ Tutorial _ 1. dat，它的背景是对同一物理量进行 3 次测量得到的结果。为清楚起见我们舍弃 3 个误差数列，并只绘制中间数据段的曲线，如图 6-39 所示；舍弃三个误差数据列后，点击绘图工具，得到曲线如图 6-40 所示。

tutorial1

	Time[X]	Test1[Y]	Test2[Y]	Test3[Y]
	Time min	Test1 mV	Test2 mV	Test3 mV
81	1.354	4.043E-4	4.922E-4	2.623E-4
82	1.371	3.977E-4	4.949E-4	2.448E-4
83	1.388	4.052E-4	5.02E-4	2.334E-4
84	1.404	3.977E-4	5.159E-4	2.36E-4
85	1.421	3.835E-4	5.219E-4	2.418E-4
86	1.438	3.897E-4	6.74E-4	2.486E-4
87	1.454	3.931E-4	0.004	2.375E-4
88	1.471	8.191E-4	0.006	2.407E-4
89	1.48802	0.00312	0.004	5.396E-4
90	1.504	0.004	0.005	0.00285
91	1.521	0.004	0.006	0.00262
92	1.538	0.005	0.007	0.004
93	1.554	0.00621	0.007	0.00359
94	1.571	0.006	0.008	0.00507
95	1.588	0.006	0.009	0.00496
96	1.604	0.007	0.011	0.0057
97	1.621	0.00866	0.004	0.00644
98	1.638	0.00999	6.568E-4	0.00702
99	1.654	0.00574	6.891E-4	0.00761
100	1.671	0.0025	5.983E-4	0.00847
101	1.688	4.708E-4	5.977E-4	0.0094
102	1.704	4.733E-4	5.845E-4	0.00539
103	1.721	4.581E-4	5.6E-4	0.00191
104	1.738	4.388E-4	5.672E-4	2.893E-4
105	1.754	4.396E-4	5.766E-4	2.701E-4
106	1.771	4.354E-4	5.755E-4	2.623E-4
107	1.788	4.254E-4	5.717E-4	2.565E-4
108	1.804	4.258E-4	5.666E-4	2.493E-4
109	1.821	4.267E-4	5.635E-4	2.54E-4

图 6-39　简单数学运算之 1

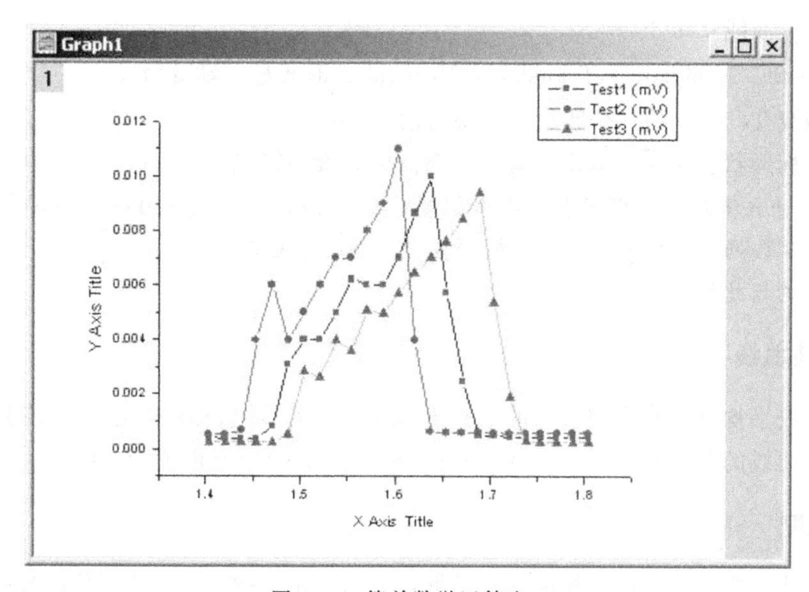

图 6-40　简单数学运算之 2

1. 算术运算

这是实现 $Y=Y1(+-*/)Y2$ 的运算，其中 Y 和 $Y1$ 为数列，$Y2$ 为数列或者数字。

命令为：Analysis→ Simple Math，如图 6-41 所示。

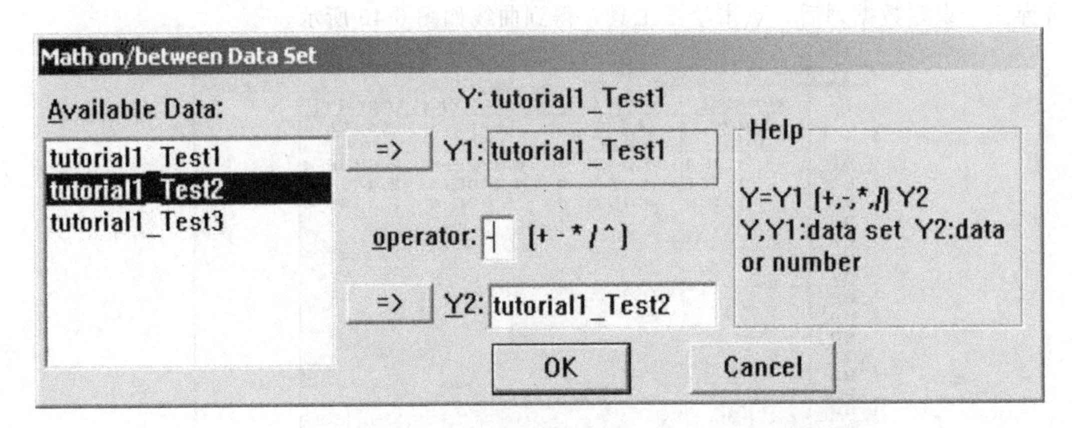

图 6-41　算术运算

2. 减去参考直线

激活曲线 Test3，Analysis→ Subtrart：Straight Line

此时光标自动变为 ，然后在窗口上双击左键定起始点，然后再在终止点双击，此时会使 Test3 曲线变为原来的减为这条直线后的曲线。

3. 垂直和水平移动

垂直移动指选定的数据曲线沿 Y 轴垂直移动。步骤如下：

激活数据曲线 Test3

选择 test3，Analysis→ Translate：Vertical 这时光标自动变为

双击曲线 Test3 上的一个数据点，将其设为起点。

这时光标形状变为 ，双击屏幕上任意点将其设为终点。

这时 Origin 将自动计算起点和终点纵坐标的差值，工作表内 Test3 列的值也自动更新为原 Test3 数列的值加上该差值，同时曲线 Test3 也更新。

水平移动与此类似。

4. 多条曲线平均

多条曲线平均是指在当前激活的数据曲线的每一个 X 坐标处，计算当前激活的图层内所有数据曲线的 Y 值的平均值。Analysis→ Average Multiple Curves。

5. 插值

插值是指在当前激活的数据曲线的数据点之间利用某种方法估计可信的数据点。

Analysis→ Interpolate and Extrapolate。如图 6-42 所示。

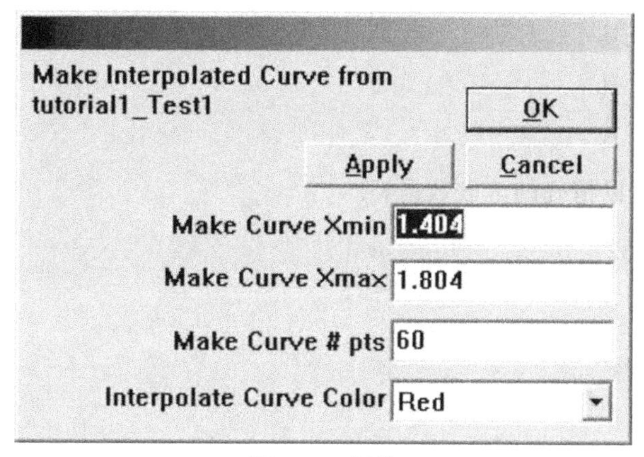

图 6-42　插值

6. 微分

也就是求当前曲线的导数，命令为：Analysis → Calculus：Differentiate。

7. 积分

对当前激活的数据曲线用梯形法进行积分，命令为：Analysis → Calculus：Integrate。

二、统计

包括：平均值（Mean）、标准差（Standard Deviation，Std，SD）、标准误差（Standard Error of the Mean）、最小值（Minimum）、最大值（Maximum）、百分位数（Percentiles）、直方图（Histogram）、T 检验（T-test for One or Two Populations）、方差分析（One-way ANOVA）、线性、多项式和多元回归分析（Linear、Polynomial and Multiple Regression Analysis）

三、快速傅里叶变换

傅里叶分析把信号分解成不同频率的正弦函数的叠加，在信号是最重要的最基本的工具之一。

一般包括 FFT 及定制频谱图、采样率、相关、卷积和去卷积。

四、平滑和滤波

包括用 Savitzky-Golay 滤波器平滑，用相邻平均法平滑，用 FFT 滤波器平滑，数字滤波器，如低通、高通、带通、带阻和门限滤波器。

五、基线和峰值分析

具体存在哪些方法，本书不做详述，读者自己慢慢联系和体会，这里仅仅说一下 Origin 提供用来读取图形窗口上的数据和坐标的几个工具，它们为

屏幕读取工具

数据读取工具

数据选择工具

利用这些工具可以精确的读取数据等。

参考文献

[1] 吕维忠. 化学工程基础实验技术. 北京：中国人民公安大学出版社，2003.

[2] 吕维忠，刘波，韦少慧编著. 化学化工常用软件应用技术. 北京：化学工业出版社，2007.

[3] 陈敏恒等编. 化工原理. 第2版. 北京：化学工业出版社，2000.

[4] 雷良恒等编著. 化工原理实验. 北京：清华大学出版社，1994. 3.

[5] 伍钦等编. 化工原理实验. 广州：华南理工大学出版社，2001.

[6] 何少华，文竹青，娄涛编著. 试验设计与数据处理. 长沙：国防科技大学出版社，2002.

[7] 李云雁，胡传荣. 试验设计与数据处理. 北京：化学工业出版社，2005.

[8] 孙培勤，刘大壮. 实验设计数据处理与计算机模拟. 河南科学技术出版社，2001.

[9] 叶卫平，方安平，于本方. Origin 7.0 科技绘图及数据分析. 北京：机械工业出版社. 2004.

[10] 郝红伟，施光凯. Origin 6.0 实例教程. 北京：中国电力出版社，2000.

[11] 周剑平编著. 精通 Origin 7.0. 北京：北京航空航天出版社，2004.

[12] 赵文元，王亦军编著. 计算机在化学化工中的应用技术. 北京：科学出版社. 2001.

[13] 张金利，张建伟，郭翠梨等编著. 化工原理实验. 天津大学出版社. 天津：2005.